工学结合·基于工作过程导向的项目化创新系列教材
国家示范性高等职业教育土建类"十三五"规划教材

钢结构
工程施工

GANGJIGOU

GONGCHENG

SHIGONG

主　审　徐锡权

主　编　迟朝娜

副主编　彭小丽　孙智慧　杨秀伟

参　编　王建勇　闫凡胜

华中科技大学出版社
http://www.hustp.com
中国·武汉

内 容 提 要

本书按照建筑工程技术专业的人才培养计划的要求,根据现行钢结构施工质量验收规范和土建类专业教学领域的现状及发展趋势来组织编写。本书以钢结构施工技术人员作为学生的就业目标,将其工作职责、专业技术知识及相关标准规范等融为一体,更加注重学生就业能力的培养。

本书按照钢结构工程施工的流程来编写,共分为 5 个单元,首先详细介绍了钢结构工程施工图识读、材料性能、施工组织设计等基本知识,然后对钢结构各分部分项工程的施工工艺流程、施工要点及施工注意事项等知识进行了细致的阐述,并在此基础上增加了钢结构构件重量计算的相关知识点。本书语言通俗易懂,结构体系清晰,理论与实践相结合,具有很强的实用性和可操作性,可作为高职高专建筑工程技术专业的教材,也可供钢结构工程施工管理人员及施工监理人员参考使用。

为了方便教学,本书还配有电子课件等教学资源包,任课教师和学生可以登录“我们爱读书”网(www.ibook4us.com)免费在线浏览,任课教师还可以发邮件至 husttujian@163.com 免费索取教学资源包。

图书在版编目(CIP)数据

钢结构工程施工/迟朝娜主编. —武汉:华中科技大学出版社,2016.8(2023.7重印)
ISBN 978-7-5680-1910-1

Ⅰ.①钢… Ⅱ.①迟… Ⅲ.①钢结构-工程施工-高等职业教育-教材 Ⅳ.①TU758.11

中国版本图书馆 CIP 数据核字(2016)第 130214 号

钢结构工程施工
Gangjiegou Gongcheng Shigong

迟朝娜　主编

策划编辑:康　序
责任编辑:康　序
封面设计:原色设计
责任监印:朱　玢
出版发行:华中科技大学出版社(中国·武汉)　　电话:(027)81321913
　　　　　武汉市东湖新技术开发区华工科技园　　邮编:430223
录　　排:武汉正风天下文化发展有限公司
印　　刷:广东虎彩云印刷有限公司
开　　本:787mm×1092mm　1/16
印　　张:14
字　　数:354 千字
版　　次:2023 年 7 月第 1 版第 8 次印刷
定　　价:35.00 元

前言

━━━━━━━━━ ○ ○ ○

本书根据高职高专院校建筑工程技术的人才培养目标、教学计划,以及钢结构施工课程的特点,结合钢结构施工验收规范编写而成。

高职高专层次院校建筑工程技术学生毕业以后主要从事施工员、预算员、资料员、材料员等工作,但是这些岗位具体要做什么,学生们并不完全了解,因此编者以此为立足点编写本书。毕业生进入到施工单位作为施工技术人员,从投标开始直至中标进行施工到工程竣工,需要做的工作非常多,而且需要一人多能,并不是只做一项工作,本书据此按照熟悉钢结构基本知识→准备→制作→安装→验收施工的工作过程分为五个单元进行编写,每一单元设置学习任务,通过完成学习目标,使学习者知道毕业后进入工作岗位的具体要求,如会编制工程量计算书,会编写施工组织设计,会填写及整理钢结构施工验收资料等。

与其他钢结构施工教材相比,本书增加了工程量计算这一部分知识点。工程量计算并不仅仅是预算员的工作,作为钢结构施工技术人员在进行施工组织设计的编制、钢结构原材料的验收、采购计划的编制等过程中都需要用到工程量计算,因此,作为一个技术人员也应该掌握这项技能。

本书由日照职业技术学院迟朝娜担任主编,由江西应用技术职业学院彭小丽、日照职业技术学院孙智慧和杨秀伟担任副主编,王建勇和闫凡胜参编。

本书共分为五个单元,主要是围绕附录 B 中的钢结构单层厂房实际工程展开。其中,单元1、单元 2、单元 4 和附录 B 由迟朝娜编写,单元 3 由迟朝娜、杨秀伟编写,单元 5 由孙智慧编写,附录 A、附录 C 和附录 D 由彭小丽编写,全书由迟朝娜统稿,日照职业技术学院徐锡权教授主审。

本书在编写过程中,以适用为主,够用为度。其中采用了大量的图片,并将钢结构验收过程嵌入每一个单元,对学习者来说更直观,更实用。本书可作为高职高专院校土建类专业的教学用书,也可供从事钢结构施工工作的技术人员参考使用。

为了方便教学,本书还配有电子课件等教学资源包,任课教师和学生可以登录"我们爱读书"网(www.ibook4us.com)免费浏览,任课教师还可以发邮件至 husttujian@163.com 免费索取。

在本书的编写过程中参考了大量的文献资料,在此向相关作者表示感谢。本书中难免有不妥之处,敬请读者和专家批评指正。

编 者

2016 年 12 月

目录

— ○ ○ ○

单元 1

认识钢结构

单元描述

··

钢结构是由钢材组成的结构,其主要由型钢和钢板等制成的钢梁、钢柱、钢桁架等构件组成,各构件或部件之间通常采用焊缝、螺栓或铆钉连接。钢结构、钢筋混凝土结构、砌体结构是现代建筑工程中应用最广泛的三种结构。钢结构因其自重较轻,且施工简便,故广泛应用于大型厂房、场馆、超高层等领域。因此,本单元重点介绍钢结构的特点及其应用,使学习者对钢结构有个初步了解。

本单元分为两个学习任务,目的是让学生对钢结构有个简单的认识,为后面的学习打下基础。因此建议按照以下流程学习。

掌握钢结构特点→了解钢结构的应用

通过本单元的学习,应达成以下目标。

☆ 能力目标

简单认识钢结构。

☆ 知识目标

(1)掌握钢结构特点。

(2)了解钢结构的应用。

学习任务 1 钢结构的特点

任务书

进行钢结构施工,首先应对钢结构的特点有所了解,了解工程中选用钢结构而非其他结构的原因;也应了解钢结构的缺点以及在工程中的处理措施。通过对本任务的学习,达到以下目标。

【能力目标】

能结合实际案例判断采用的钢结构的特点。

【知识目标】

(1)熟悉钢结构的优点。
(2)掌握钢材的密度。
(3)掌握钢结构的缺点及其处理措施。

学习内容

钢结构与钢筋混凝土结构、砌体结构等都属于按材料划分的工程结构的不同分支。钢结构与其他结构相比,具有下列特点。

1. 强度高,自重轻

钢材的密度为 7.85×10^3 kg/m³,混凝土的密度约为 2.35×10^3 kg/m³,钢材不仅密度较大,而且其强度比混凝土等其他材料高得多。也就是说,钢材与其他材料相比,它的密度与强度之比要低得多。因此,在同样的受力条件下,钢结构使用材料较少,自重轻。以 24 m 跨度厂房屋架为例,当承受相同的荷载时,每榀钢屋架的质量为 2.1~2.7 t,而预应力钢筋混凝土屋架的质量为 6.4~11.3 t,后者为前者的 3~4 倍。若采用冷弯薄壁型钢屋架,其自重接近钢筋混凝土屋架的 1/10。

2. 材质均匀

(1)钢材组织均匀,接近于各向同性体和均质体;钢材的物理力学特性与工程力学对材料性能所做的基本假定符合较好。

(2)钢结构的实际工作性能比较符合目前采用的理论计算结果。

3．塑性和韧性好

（1）钢材的塑性好：钢结构破坏前一般都会产生显著的变形，易于被发现，可及时采取补救措施，避免重大事故的发生。

（2）钢材的韧性好：钢结构对动力荷载的适应性较强，抗震性能优越。在汶川大地震中，都江堰市华夏广场小区，底部两层整体倒塌，而绝大部分钢结构建筑安然无恙，这正是由于钢结构具有良好的延性和较强的整体性，所以具有卓越的抗震性能，故在地震中很少发生整体破坏或倒塌现象。

4．制造简单，施工周期短

钢结构一般在专业工厂制造，易实现机械化作业，其工业化程度比较高。一般构件在工厂制造完成后，再运至施工现场拼装成结构。钢结构施工工期短，可尽快发挥投资的经济效益。例如，南京长江三桥的桥身采用钢结构，其实际建设工期为 2 年零 2 个月，比核准工期（4 年）提前了 22 个月。

5．钢结构密闭性好

钢结构采用焊接连接可制成水密性和气密性较好的常压和高压容器结构和管道。

6．耐热性好，耐火性差

当温度在 200 ℃以内时，钢材的主要性能变化很小，具有较好的耐热性能。当温度达 600 ℃以上时，钢材的承载力几乎完全丧失，所以说钢材不耐火。考虑到这一点，当钢结构表面长期受热使其温度不低于 150 ℃时，需增加隔热防护。当钢结构有防火要求时，应采取防火措施。

7．耐腐蚀性能差

在没有腐蚀性介质的一般环境中，钢结构经除锈后再涂上合格的防锈涂料后，锈蚀问题并不严重。但在潮湿和有腐蚀性介质的环境中，钢结构容易锈蚀，需定期维护，故会增加维护费用。我国已经研发并生产出了抗锈蚀性能良好的耐大气腐蚀钢，已将其应用于工程结构中。例如，南京长江三桥（设计寿命为 100 年）中选用了氟碳涂料，可保持钢塔 50 年不生锈。

学习拓展

世界贸易中心（world trade center）原为美国纽约的地标之一，原址位于美国的纽约州纽约市曼哈顿岛西南端，西临哈德逊河，由美籍日裔建筑师 Minoru Yamasaki（山崎实）设计，建于1962—1976 年。其占地 6.5 公顷，由两座 110 层（另有 6 层地下室）高 411.5 米的塔式摩天楼和4 幢办公楼及一座旅馆组成，是美国纽约市最高、楼层最多的摩天大楼。摩天楼平面为正方形，边长 63 米，每幢摩天楼实用面积 46.6 万平方米。

世界贸易中心两栋 110 层高楼平面和体形完全一样。每栋高塔中安装有 108 部电梯，电梯最短运行时间（包括换乘电梯）为两分钟。设计上，在遇到紧急情况时，全部人员能在 5 分钟内全部疏散完毕。大楼采用筒中筒结构体系，外墙承重，且由密集的钢柱组成，具有强大的抵抗水平荷载的能力。在每秒 117 米的最大风力袭击下,建筑最高点最多偏离中心 25.6 厘米。

2001 年 9 月 11 日,世界贸易中心被以本·拉登为首的"基地"组织策划的恐怖袭击所摧毁,共 2979 人丧生,如图 1.1 所示。

8 时 46 分 40 秒,美国航空公司 11 次航班(一架满载燃料的波音 767 飞机)以大约每小时 490 英里(约合 790 km/h)的速度撞入世界贸易中心北塔,撞击位置为大楼北面 94 至 98 层之间。飞机撞上大楼后立即爆炸,而飞机上的燃料倾倒进大楼,更加剧了火势,整幢大楼结构遭到毁坏。被撞击楼层以下的人员开始疏散。但 3 道楼梯都被撞坏,因此被撞击楼层以上的人员无法逃离。

9 时 02 分 54 秒,美国联合航空公司 175 次航班(另一架满载燃油的波音 767 飞机)以大约每小时 590 英里(约合 950 km/h)的速度撞入世界贸易中心南楼 78 至 84 层处,并引起巨大爆炸。飞机部分残骸从大楼东侧与北侧穿出。但还有 1 个楼梯间完好无损,因此少数在撞击点以上的人员仍可生还。纽约世界贸易中心的两幢 110 层摩天大楼在遭到攻击后相继倒塌,除此之外,世贸中心附近 5 幢建筑物也因受震而坍塌损毁。

世贸中心大楼受撞击后倒塌的原因,至今尚无定论,大家可以结合自己所学的钢结构知识来分析讨论。

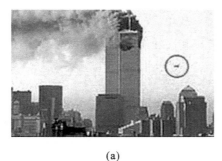  

(a)　　　　　　　　　(b)　　　　　　　　　(c)

图 1.1　"9·11 事件"事故照片(撞、烧、塌)

学习任务 2 钢结构的应用

任务书

钢结构应用广泛,通过本任务的学习,基本了解钢结构的主要结构类型,尤其是最常用的门式刚架建筑结构。

【能力目标】

(1)能发现自己身边的钢结构建筑物或构筑物。

(2)熟悉工业建筑的基本构造。

【知识目标】

(1) 了解钢结构的应用。
(2) 掌握工业建筑的基本构造及其作用。

学习内容

　　随着我国钢材产量的日益提高,品种也不断增加,钢结构的应用范围也日趋扩大,根据钢结构的特点,其应用范围如下。

1. 工业建筑

　　由于钢结构施工周期短,为了尽快发挥投资效益,近年来我国的普通工业建筑也逐渐淘汰钢筋混凝土结构而大量采用了钢结构。当工业建筑的跨度和柱距较大,或者设有大吨位吊车,结构需承受较大的动力荷载时,往往部分或全部采用钢结构,如图1.2所示。同时,我国的工业建筑大部分采用门式刚架结构,门式刚架是一种传统的结构体系,该类结构的上部主构架包括钢架斜梁、钢架柱、支撑、檩条、系杆、山墙骨架等。门式刚架轻型房屋钢结构起源于美国,经历了近百年的发展,目前已成为设计、制作与施工标准相对完善的一种结构体系。工业建筑实物如图1.3所示。

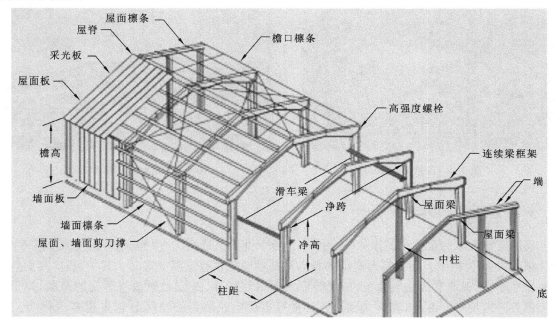

图1.2　工业建筑构造图

2. 大跨度结构

体育馆、展览馆、影剧院及飞机场等都需要很大的空间,故屋盖的跨度会很大。随着结构跨

图 1.3　某工业建筑图

度的增大,结构自重在全部荷载中所占比重也就越大,减轻自重可获得明显的经济效益。因此,对于大跨度结构,钢结构重量轻的优点显得特别突出。其结构体系主要包括网架、网壳结构、悬索结构等。例如:上海体育场,国家体育场(鸟巢),上海浦东国际机场等都采用了大跨度钢结构,如图 1.4 和图 1.5 所示。

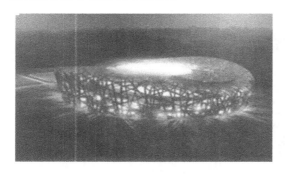

图 1.4　国家体育场　　　　　　　　图 1.5　上海浦东国际机场

3. 高层建筑

高层建筑已成为现代化城市的一个标志。当今世界上最高的 50 幢建筑中,钢结构和钢-砼混合结构占 80% 以上。钢材轻质高强的特点对高层建筑具有重要的意义。其中,强度高则构件截面尺寸小,可提高有效使用面积;重量轻可大大减轻构件、基础和地基所承受的荷载,降低基础工程等的造价等。因此,旅馆、饭店、办公楼等高层建筑采用钢结构的越来越多,如台北 101 大楼、上海金茂大厦等,如图 1.6 和图 1.7 所示。

4. 高耸建筑物

高耸建筑物包括塔架和桅杆等,这类结构的高度大,横截面尺寸较小,风荷载和地震起主要作用,其自重对结构的影响较大,故常采用钢结构。例如,上海东方明珠广播电视塔,黑龙江省广播电视塔,如图 1.8 和图 1.9 所示。

图 1.6　台北 101 大楼

图 1.7　上海金茂大厦

图 1.8　上海东方明珠广播电视塔

图 1.9　黑龙江省广播电视塔

5.钢结构住宅

钢结构住宅以钢结构为骨架,配合由多种复合材料构成的轻型墙体拼装而成,所用材料均有相关工厂进行标准化、系列化、批量化生产,改变了沿用已久的以钢筋混凝土、砖、瓦、灰、沙、石为材料的传统的现场作业模式,如图 1.10 和图 1.11 所示。

图 1.10　钢结构住宅施工图

图 1.11　钢结构住宅完工图

6. 可拆卸或移动的结构

构建施工用建筑、钢栈桥、流动式展览馆、移动式平台等建筑物或构筑场时,可采用钢结构,发挥其重量轻,便于运输和安装的优点。例如,我国在东海平湖油气田设计建造的石油平台,就是采用的钢结构,如图 1.12 所示。

图 1.12　东海平湖油气田石油平台

图 1.13　南京长江大桥

钢结构还广泛应用于桥梁、闸门、输油管道、吊车等结构,如我国自己设计建造的南京长江大桥就采用了钢结构,如图 1.13 所示。

随着我国经济建设的发展和钢产量的提高,钢结构将会发挥日益重要的作用。

检查与评价

（1）我国钢结构主要应用在哪些方面？都分别利用了钢结构的哪些优点？

（2）试分析"9·11"事件中纽约世界贸易中心大楼倒塌的原因。

单元 2.
钢结构施工准备

单元描述
○ ○ ○ ○

　　钢结构是将原材料加工制作成构件然后运送至施工现场安装而成,在制作安装钢结构之前要进行施工准备。

　　对于技术员而言,不仅应能看懂施工图纸,而且应理解施工图纸中每一个符号含义。钢结构施工图纸主要包括钢材符号、焊缝符号、螺栓符号等三种符号,这就要求钢结构工程施工技术员对钢材、焊材、螺栓等材料比较熟悉。因此,本单元首先介绍钢结构原材料的基本知识,然后再讲解施工图识读。

　　除了能够看懂设计图纸外,施工技术人员还需要会编写施工组织设计,施工组织设计经过批准才能进行施工。本单元据此对钢结构施工组织设计的概念、编审以及其内容进行详细的介绍。

　　本单元分为三个学习任务,建议按照以下流程学习。

　　　　　认识钢结构工程原材料→进一步识读施工图纸→编写施工组织设计

通过本单元的学习,应达成以下目标。

☆ 能力目标

(1)能识读施工图纸并根据施工图纸计算钢材工程量。

(2)能进行原材料的进场验收并填写验收记录。

(3)能初步编写施工组织设计并能按程序进行报审。

☆ 知识目标

(1)掌握钢材的性能、牌号、规格、工程量计算方法以及进场验收标准。

（2）掌握焊材的进场验收标准。

（3）掌握螺栓的基本构造和进场验收标准。

（4）掌握钢材、焊缝、螺栓符号的含义。

（5）掌握施工组织设计的概念、编审要求以及内容。

学习任务 **1** 认识钢结构原材料

任务书

钢结构原材料主要包括钢材、焊材和螺栓等。在结构图纸的设计说明中会提到工程所用材料的规格和牌号等基本要求,相关技术人员只有掌握了材料的基本知识才能正确编制材料的采购计划,并在钢结构进场时正确地进行材料验收。另外,钢材质量计算应该是钢结构技术人员必须掌握的技能,不论是编制施工组织设计还是编制预算书等都离不开钢材的质量的计算。

因此,本学习任务的目标为:①看懂附录 B 中图纸的结构设计说明中关于材料的要求;②能根据图纸中的要求进行材料的验收;③能够计算钢材的工程量。

【能力目标】

能根据图纸计算出钢材的工程量,能正确进行材料的进场验收。

【知识目标】

（1）熟悉钢材的性能。

（2）掌握钢材、焊材、螺栓的牌号和规格。

（3）掌握工程量的计算方法。

（4）掌握材料的进场验收标准。

学习内容

一、钢材

1. 钢材性能

钢材性能包括力学性能和工艺性能。其中,钢材的力学性能通常是指钢厂生产销售的钢材在标准条件下受到拉伸、冷弯和冲击等单独作用下显示出的各种机械性能,它们由相应实验得到,试验采用的试件的制作和试验方法都必须按照各相关国家标准规定进行,力学性能是钢材最重要的使用性能,包括拉伸性能、冲击性能等;钢材的工艺性能表示钢材在各种加工过程中显示出的各种性能,包括弯曲性能和焊接性能等。

1) 单向拉伸的性能

标准试件在室温(100 ℃~350 ℃)条件下,以满足静力加载的加载速度一次加载所得钢材的应力-应变(σ-ε)曲线显示的钢材机械性能如图 2.1 所示,具体分为五个阶段。

(1) 弹性阶段:$\sigma < f_p$,σ 与 ε 呈线性关系,称该直线的斜率 e 为钢材的弹性模量。

(2) 弹塑性阶段:σ 与 ε 呈非线性关系。

(3) 塑性阶段:也称屈服阶段,$\sigma = f_y$ 后钢材暂时不能承受更大的荷载,且会伴随产生很大的变形,因此钢结构设计取 f_y 作为强度极限承载力的标志。

(4) 强化阶段:试件能承受的最大拉应力 f_u 为钢材的抗拉强度。取 f_y 作为强度极限承载力的标志,f_u 就成为材料的强度储备。

(5) 颈缩破坏阶段:当试件达到抗拉强度 f_u 时,试件中部截面变细,形成颈缩现象。

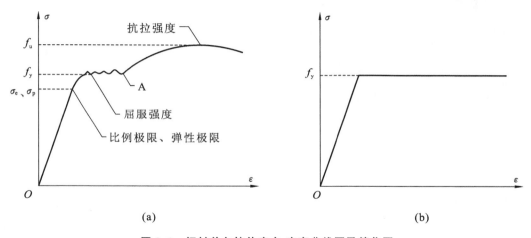

图 2.1 钢材单向拉伸应力-应变曲线图及简化图

反映建筑钢材拉伸性能的指标主要有屈服强度、抗拉强度和伸长率等。钢结构设计的准则是以构件最大应力达到屈服强度(屈服点)作为极限状态,而把钢材的抗拉强度视为安全储备。抗拉强度与屈服强度之比(强屈比)是评价钢材使用可靠性的一个参数。强屈比愈大,钢材受力超过屈服点工作时的可靠性越大,安全性越高;但强屈比太大,钢材强度利用率偏低,浪费材料。

钢材在受力破坏前可以经受永久变形的性能,称为塑性。在钢材的力学性能指标中,其塑性指标通常用伸长率 δ_s 表示,其计算公式如下。

$$\delta_s = \frac{l - l_0}{l_0}$$

式中:l_0——试件原长度;

l——试件拉断后的长度。

2) 冲击韧性

冲击性能是指钢材抵抗冲击荷载的能力。钢材的化学成分及冶炼、加工质量都对冲击性能有明显的影响。除此以外,钢材的冲击性能受温度的影响较大,其冲击性能随温度的下降而减小,当降到一定温度范围时,冲击性能急剧下降,从而可使钢材出现脆性断裂,这种性质称为钢的冷脆性,这时的温度称为脆性临界温度。脆性临界温度的数值愈低,钢材的低温冲击性能愈好。所以,在负温下使用的结构,应当选用脆性临界温度较使用温度低的钢材。

钢材的冲击韧性试验采用有 V 形缺口的标准试件,在冲击试验机上进行。试验机上摆动冲击荷载,使之断裂,试件断裂所吸收的功即为冲击韧性值,用 A_{kv} 表示,单位为 J。

3)冷弯性能

钢材的冷弯性能可通过试件 180°弯曲试验来进行判断,如图 2.2 所示。钢材按原有厚度经表面加工成板状,在常温下弯曲 180°,若试件外表面不出现裂纹和分层,即为合格。冷弯性能能够综合反映钢材的塑性性能和冶炼质量。在重要的钢结构中,需要使用有良好的冷热加工性能的钢材时,所用钢材应具有冷弯合格证。

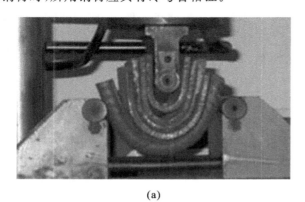
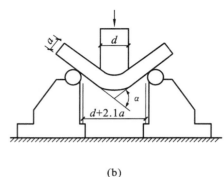

(a)   (b)

图 2.2 冷弯性能试验示意图

4)可焊性

可焊性是指钢材对焊接工艺的适应能力,包括以下两方面的要求:①钢材焊接后具有良好的焊接接头性能,即不产生裂纹;②焊缝影响区材性满足相关要求。

5)化学成分

钢材中除了主要的化学成分铁(Fe)以外,还含有少量的碳(C)、硅(Si)、锰(Mn)、磷(P)、硫(S)、氧(O)、氮(N)、钛(Ti)、钒(V)等元素,虽然这些元素的含量较少,但它们对钢材的性能有很大影响。

(1)碳。碳是决定钢材性能的最重要元素。当钢材的含碳量在 0.8% 以下时,随着含碳量的增加,钢材的强度和硬度提高,而塑性和韧性降低;但当钢材的含碳量在 1.0% 以上时,随着含碳量的增加,钢材的强度反而下降。随着含碳量的增加,钢材的焊接性能变差(含碳量大于 0.3% 的钢材,可焊性显著下降),冷脆性和时效敏感性增大,耐大气锈蚀性下降。

(2)硅。硅是作为脱氧剂存在于钢材中的,是钢材中有用的元素。当钢材中硅含量较低(小于 1.0%)时,能提高钢材的强度,而对塑性和韧性无明显影响。

(3)锰。锰是炼钢时用于脱氧去硫而存在于钢材中的,是钢材中有用的元素。锰具有很强的脱氧去硫能力,能消除或减轻氧、硫所引起的热脆性,大大改善钢材的热加工性能,同时能提高钢材的强度和硬度。锰是我国低合金结构钢中的主要合金元素。

(4)磷和氮。磷和氮是钢材中有害的元素。随着磷(氮)含量的增加,钢材的强度、屈强比、硬度均提高,而塑性和韧性显著降低。特别是温度愈低,其对钢材塑性和韧性的影响愈大,显著加大钢材的冷脆性。磷(氮)也使钢材的可焊性显著降低。但磷(氮)可提高钢材的耐磨性和耐蚀性,故在低合金钢中可配合其他元素作为合金元素使用。

(5)硫和氧。硫和氧是钢材中有害的元素。硫(氧)的存在会加大钢材的热脆性,降低钢材的各种机械性能,也使钢材的可焊性、冲击韧性、耐疲劳性和抗腐蚀性等性能降低。

2. 钢材牌号

迄今为止,我国建筑钢结构采用的钢材仍以碳素结构钢和低合金结构钢为主,尚未形成如《桥梁用结构钢》(GB/T 714—2015)和《锅炉和压力容器用钢板》(GB 713—2008)等专用钢标准,这是因为建筑钢结构对钢材的性能要求并不突出,通用标准一般能满足要求。

1)碳素结构钢

按含碳量的多少可将碳素结构钢分为低碳钢、中碳钢、高碳钢等,建筑钢结构主要使用的钢材是低碳钢。

按照现行《碳素结构钢》(GB/T 700—2006)标准的规定,钢号由代表屈服点的字母 Q、屈服强度数值(单位是 N/mm^2)、质量等级符号(分为 A、B、C、D 四级,质量依次提高)、脱氧方法符号(沸腾钢、镇静钢和特殊镇静钢的代号分别为 F、Z 和 TZ,其中 Z 和 TZ 在钢号中省略不写)等四个部分按顺序组成。例如 Q235-BF,表示屈服强度为 235 N/mm^2 的 B 级沸腾钢。钢材的质量等级中,A、B 级钢按脱氧方法可为沸腾钢或镇静钢,C 级为镇静钢,D 级为特殊镇静钢。

碳素结构钢按屈服强度大小,分为 Q195、Q215、Q235 和 Q275 等种类,其中 Q235 是钢结构设计规范中推荐采用的种类。

2)低合金高强度结构钢

低合金高强度结构钢是在冶炼碳素结构钢时加入一种或几种适量的合金元素而制成的钢。其钢材牌号的表示方法与碳素结构钢相似,由代表屈服强度的字母 Q、屈服强度数值、质量等级三个部分按顺序排列组成,但质量等级分为 A、B、C、D、E 五级,且无脱氧方法符号。例如:Q345-B,Q390-D,Q420-E。其中,A、B、C 级均为镇静钢,D、E 级为特殊镇静钢。

低合金高强度结构钢的屈服强度共有 Q295、Q345、Q390、Q420、Q460 等五种。其中,Q345、Q390、Q420 是钢结构设计规范中推荐采用的种类。

3. 钢材的品种和规格

1)钢板和钢带

钢板和钢带的不同在于成品形状,钢板是平板状、矩形,而钢带是指交货时将钢板卷成卷方便运输,如图 2.3 所示。钢板按板厚划分为薄钢板(板厚≤4 mm)和厚钢板(板厚>4 mm)两种,薄钢板一般采用冷轧法轧制。热轧钢板是应用最多的钢材之一,其表示方法为—厚度×宽度×长度,如—10×750×2 000 表示厚度为 10 mm,宽度 750 mm,长度为 1 500 mm 的热轧钢板。

2)钢结构中常用的型钢

(1)角钢。

角钢分为等边角钢和不等边角钢两种。角钢的表示方法为:"∟边宽×厚度"(等边角钢)或"∟长边宽×短边宽×厚度"(不等边角钢),单位为 mm。例如,∟100×8 和 ∟100×80×8。

(a) 钢板

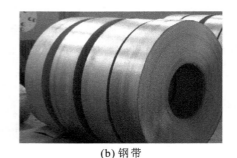
(b) 钢带

图 2.3 钢板和钢带

（2）槽钢。

槽钢分为热轧普通槽钢和热轧轻型槽钢两种。槽钢用槽钢符号（普通槽钢和轻型槽钢分别用［和 Q［来表示）和截面高度（单位为 cm）来表示，当腹板厚度不同时，还要标注出腹板厚度类别符号 a、b、c。例如：［10、［20a、Q［20a。与普通槽钢截面高度相同的轻型槽钢，其翼缘和腹板均较薄，截面面积较小但回转半径较大。

（3）工字钢。

工字钢分为普通工字钢和轻型工字钢两种。工字钢的表示方法与槽钢相同，但工字钢表示符号为"I"。例如：I18、I50a、QI50。

（4）H 型钢。

H 型钢比工字钢的翼缘宽度大且厚度相等，其截面抵抗矩较大且质量较小，便于与其他构件连接。热轧 H 型钢分为宽、中、窄翼缘 H 型钢，它们的代号分别为 HW、HM 和 HN。H 型钢的表示方法为：截面尺寸 H（截面高）$\times B$（翼缘宽）$\times t_1$（腹板厚）$\times t_2$（翼缘厚），其标注方法可近似为名义尺寸，用截面高×翼缘宽来表示。

目前，国内还不能生产大规格 H 型钢，因此经常采用焊接 H 型钢，即是用三块钢板经过拼装焊接而成。焊接 H 型钢在实际工程中使用广泛，其标注方法与热轧型钢相同。

（5）钢管。

钢结构中常采用热轧无缝钢管和焊接钢管。钢管用"ϕ 外径×壁厚"来表示，单位为 mm，如 $\phi 360 \times 6$。

（6）冷弯型钢和压型钢板。

冷弯型钢是用厚度为 1.5～5 mm 的薄钢板在连续辊式冷弯机组上生产出来的冷加工型材，也称为冷弯薄壁型钢，如 Z 型钢、卷边槽钢、C 型钢等，常用于工程中的檩条等构件。也有采用厚钢板冷弯成的方管、矩形管、圆管等，它们称为冷弯厚壁型钢。

压型钢板是冷弯型钢的另一种形式，是用厚度为 0.3～2 mm 的镀铝或镀锌钢板、彩色涂层钢板经冷轧而成的各类波形板。其主要用于钢结构工程中的围护构件。

钢结构中常用型钢如图 2.4 所示。常用型钢的截面形式如图 2.5 所示。

4. 钢材质量计算

钢的密度为 7.85×10^3 kg/m³，在计算钢材质量时，并非只是简单的计算密度和体积乘积。如表 2.1 所示为某车间的工程量计算书。

  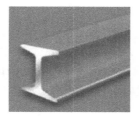 

| (a) 角钢 | (b) 槽钢 | (c) 工字钢 | (d) H型钢 |

| (e) 钢管 | (f) C型钢 | (g) 压型钢板 |

图 2.4　常用型钢

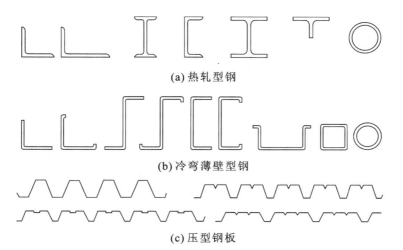

(a) 热轧型钢

(b) 冷弯薄壁型钢

(c) 压型钢板

图 2.5　常用型钢截面形式

表 2.1　××车间工程量计算书

××车间钢结构工程量计算书

构件	名称	规格	长度/m	宽度/m	数量	单位质量/(kg/m 或 kg/m²)	总质量/kg
GJ-1	A-Z1	∟ 200×125×12	1.1		2	29.761	65.474
	劲板	—14	0.55	0.35	2	109.9	42.312
	底板	—32	1.1	0.5	1	251.2	138.160
ZC-1		∟ 125×8	3.134		4	15.504	194.358

在计算钢材质量时,为了简化后续工作,将钢材分为钢板和型钢两类分别计算。

1)钢板

钢板质量的计算公式如下。

$$钢板质量＝钢板单位质量(kg/m^2)×钢板长度(m)×钢板宽度(m)$$

在使用上述公式时,应注意以下两点。

(1)钢板单位质量与钢板厚度有关。对于 10 mm 钢板,钢板单位质量为 78.5 kg/m^2;12 mm 的钢板,其单位质量为 $78.5×1.2$ kg/m^2,其他厚度下的钢板单位质量依此类推。

(2)钢板长度与宽度可以从施工图中读取。

例 2-1 某焊接 H 型钢柱 500×350×10×12,长度为 12 m,计算此钢柱工程量。

解 焊接 H 型钢柱的截面尺寸计算如下。

焊接 H 型钢柱可以分解为 3 块钢板,分别为两块翼缘尺寸为－12×350×12000,一块腹板尺寸为－10×476×12000,如图 2.6 所示。套用计算公式可算出此钢柱质量为:

$$1.2×78.5×0.35×12×2＋78.5×0.476×12＝$$
$$1239.6 \text{ kg}$$

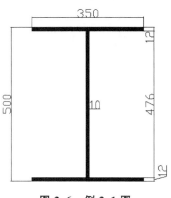

图 2.6 例 2.1 图

2)型钢

型钢质量的计算公式如下。

$$型钢质量＝单位质量(kg/m)×长度 m$$

型钢单位质量需要查阅相关标准规范中对应表格的理论质量一栏。型钢长度可查阅施工图纸。

例 2-2 工程双角钢支撑 2∟70×6,长度为 6 200 mm,如图 2.7 所示。计算此支撑的质量。

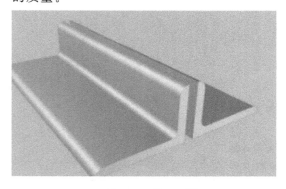

图 2.7 例 2.2 图

解 查阅型钢规格表得出∟70×6 的单位质量为 6.406 kg/m,因此此支撑重量为:

$$2×6.406×6.2＝79.43 \text{ kg}$$

5. 钢材进场验收

保证钢结构工程质量的重要环节是建立钢材检验制度,所以,钢材正式入库前必须严格执行检验制度,经检验合格的钢材方可办理入库手续,并需要填写质量验收记录。钢材的具体验收要求见表2.2。

二、焊材

焊接是钢结构工程的主要连接方式之一,焊接方法也多种多样,但在钢结构制作和安装过程中,广泛使用的是电弧焊。在电弧焊中又以药皮焊条手工电弧焊、自动埋弧焊、半自动与自动 CO_2 气体保护焊和自保护焊为主。

1. 药皮焊条手工电弧焊

药皮焊条由药皮和焊芯两部分组成,药皮焊条分为碱性焊条和酸性焊条两种。药皮焊条的型号根据金属的力学性能、药皮类型、焊接位置和使用电流种类的不同来划分。Q235 钢用 E43 型焊条(E4300～E4316),Q345 钢用 E50 型焊条(E5000～E5018),Q390 和 Q420 钢用 E55 型焊条(E5500～E5518)。其型号所代表的含义具体介绍如下。

表 2.2 钢结构原材料及成品进场检验批质量验收记录

工程名称				检验部位		监理(建设)单位验收意见
施工单位				项目经理		
执行企业标准名称及编号						
		施工质量验收规范规定		施工单位检查记录		
主控项目	1	钢材的品种、规格、性能等应符合现行国家产品标准和设计要求。进口钢材应符合设计和合同规定标准的要求		×××钢材的品种、规格符合设计和标准要求,并有合格证及检验报告		
	2	应进行抽样复验的钢材	国外进口钢材			
			钢材混批			
			板厚≥40mm,且设计有 Z 向性能要求的厚板			
			建筑结构安全等级为一级,大跨度钢结构中主要受力构件所采用的钢材	梁、柱钢材复验合格,×××试验报告		
			设计有复验要求的钢材			
			对质量有疑义的钢材			
一般项目	1	钢材厚度及允许偏差符合其产品标准要求(GB/T 709—2006)				
	2	型钢的规格及尺寸及允许偏差应符合其产品标准要求(GB/T 706—2008)				
	3	钢材表面质量还应符合	当钢材表面有锈蚀、麻点或划痕等缺陷时,其深度不得大于钢材厚度负允许偏差值的1/2	钢材表面有局部少量毛刺、划痕,其深度在允许范围内		
			钢材表面的锈蚀等级应符合现行国家标准《涂覆涂料前钢材表面处理 表面清洁度的目视评定 第 1 部分:未涂覆过的钢材表面和全面清除原有涂层后的钢材表面的锈蚀等级和处理等级》(GB/T 8923.1—2011)规定的 C 级及 C 级以上	表面锈蚀等级 C 级以上		
			钢材端边或断口处不应有分层、夹渣等缺陷	无分层、夹渣等缺陷		
	主控项目:		一般项目:			
施工单位检查评定结果	施工班组长: 专业施工员: 专职质检员: 年 月 日			监理(建设)单位验收评定结论	专业监理工程师: (建设单位项目专业技术负责人): 年 月 日	

（1）字母"E"表示焊条。

（2）前两位数字表示熔敷金属抗拉强度的最小值，单位为 MPa。例如，E43 系列焊条代表抗拉强度最小值为 430 MPa。

（3）第三位数字表示焊条的焊接位置。其中，"0"及"1"表示焊条适用于全位置焊接（平、立、仰、横），"2"表示焊条适用于平焊及平角焊，"4"表示焊条适用于向下立焊；第三位和第四位数字组合时表示焊接电流种类及药皮类型。

2. 自动埋弧焊焊丝和焊剂

国家标准《埋弧焊用碳钢焊丝和焊剂》（GB/T 5293—1999）和《埋弧焊用低合金钢焊丝和焊剂》（GB/T 12470—2003）对焊丝和焊剂的型号、分类等进行了详细的规定。

埋弧焊所采用的焊丝和焊剂应与钢材焊件相匹配。对 Q235 钢常用 H08A 等焊丝，对 Q345 钢、Q390 钢和 Q420 钢常用 H08MnA，H10Mn2 等焊丝。选择焊丝时，还需同时选用相应的焊剂。焊剂有无锰型及高、中、低锰型焊剂等。

1）碳素钢埋弧焊用焊丝、焊剂的型号

焊丝-焊剂组合的型号编制方法如图 2.8 所示，具体介绍如下。

（1）字母"F"表示焊剂。

（2）第二位数字表示焊丝-焊剂组合的熔敷金属抗拉强度的最小值。

（3）第三位字母表示试件的热处理状态。其中，"A"表示焊态，"P"表示焊后热处理状态。

（4）第四位数字表示熔敷金属冲击吸收功不小于 27J 时的最低试验温度。

（5）"-"符号后面表示焊丝的牌号，焊丝的牌号参照 GB/T 14957—1994。

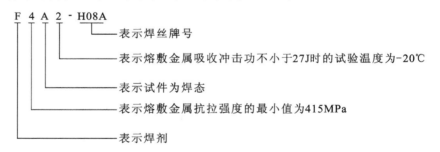

图 2.8　埋弧焊用焊丝、焊剂型号示例

2）低合金钢埋弧焊焊丝焊剂的型号

焊丝-焊剂组合的型号编制方法为 F××××-H×××，具体介绍如下。

（1）字母"F"表示焊剂。

（2）"F"后面的两位数字表示焊丝-焊剂组合的熔敷金属抗拉强度的最小值。

（3）第四位字母表示试件的状态。其中，"A"表示焊态，"P"表示焊后热处理状态。

（4）第五位数字表示熔敷金属冲击吸收功不小于 27 时的最低试验温度。

（5）"-"符号后面表示焊丝的牌号，焊丝的牌号参照 GB/T 14957—1994 和 GB/T 3429—2015。如果需要标注熔敷金属中扩散氢含量时，可用后缀"H×"表示。

完整的焊丝-焊剂型号示例如图 2.9 所示。

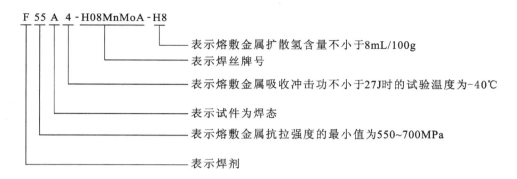

图 2.9　焊丝-焊剂型号示例

3．CO₂气体保护焊焊丝

国家标准《气体保护电弧焊用碳钢、低合金钢焊丝》(GB/T 8110—2008)中规定,焊丝型号由三部分组成:第一部分 ER 表示焊丝,第二部分两位数字表示焊丝的最低抗拉强度,第三部分为"-"符号后的字母或数字,表示焊丝的化学成分分类代号。例如,ER50-2H5 中,ER 表示焊丝,50 表示熔敷金属抗拉强度最低值为 500 MPa,2 表示化学成分分类代号,H5 表示熔敷金属扩散氢含量不大于 5 mL/100 g。

4．焊材进场验收

焊材进场按照《钢结构设计规范》(GB 50017—2003)进行验收,验收合格后方可使用,同时应做好质量验收记录,见表 2.3。

表 2.3　钢结构原材料及成品进场(焊接材料)检验批质量验收记录

工程名称				检验部位		
施工单位				项目经理		监理(建设)单位验收意见
执行企业标准名称及编号						
		施工质量验收规范规定		施工单位检查记录		
主控项目	1	焊接材料的品种、规格、性能等应符合现行国家产品标准和设计要求		焊条、焊丝、焊剂等焊接材料,有产品合格证×份,符合设计和相关要求		
	2	重要钢结构采用的焊接材料应进行抽样复验,复验结果应符合现行国家产品标准和设计要求		经见证取样进行复检,复检报告×××,符合要求		
一般项目	1	焊钉及焊接瓷环的规格、尺寸及偏差应符合现行国家标准《电弧螺柱焊用圆柱头焊钉》(GB/T 10433—2002)的规定		—		
	2	焊条外观不应有药皮脱落、焊芯生锈等缺陷,焊剂不应受潮结块		焊条无脱皮、生锈缺陷,焊剂未受潮结块		

续表

工程名称			检验部位		
施工单位			项目经理		监理(建设)单位验收意见
执行企业标准名称及编号					
施工质量验收规范规定			施工单位检查记录		
主控项目: 一般项目:					
施工单位检查评定结果	施工班组长: 专业施工员: 专职质检员: 年　月　日		监理(建设)单位验收评定结论	专业监理工程师: (建设单位项目专业技术负责人): 年　月　日	

三、螺栓

紧固件是将两个或两个以上零件(或构件)紧固连接为一件整体时采用的一类机械零件的总称,主要包括螺栓、铆钉、射钉、自攻螺钉、焊钉等。螺栓作为钢结构的主要连接紧固件,一般分为普通螺栓和高强度螺栓两种。

螺栓按照性能等级分为 3.6、4.6、4.8、5.6、5.8、6.8、8.8、9.8、10.9、12.9 等十个等级,其中 8.8 级以上螺栓的材质为低碳合金钢和中碳钢且经过热处理将 8.8 级及以上的螺栓统称为高强度螺栓,8.8 级以下(不含 8.8 级)的螺栓统称为普通螺栓。

螺栓性能等级标号由两部分组成,分别表示螺栓的公称抗拉强度和材质的屈强比。例如,性能等级为 4.6 级螺栓的含义为:

① 螺栓材质的公称抗拉强度为 400 MPa 级;

② 螺栓材质的屈强比为 0.6;

③ 螺栓材质的公称屈服强度为 400×0.6 MPa $= 240$ MPa。

1. 普通螺栓

普通螺栓按照形式的不同可分为六角头螺栓、双头螺栓、地脚螺栓等;按制作精度的不同可分为 A、B、C 三个等级,其中 A、B 级为精制螺栓,C 级为粗制螺栓。钢结构中使用的连接螺栓,除特殊说明外一般为六角头 C 级粗制螺栓,AB 级已经很少使用。螺栓一般与螺母和垫圈配合使用。

双头螺栓又称螺柱,它是没有头部的,仅有两端均外带螺纹的一类紧固件,如图 2.10 所示。连接时,它的一端必须旋入带有内螺纹孔的零件中,另一端穿过带有通孔的零件中,然后旋上螺母,使这两个零件紧密连接成一个整体,这种连接形式称为螺柱连接,属于可拆卸连接。螺柱连接主要用于被连接零件之一厚度较大、要求结构紧凑,或者因拆卸频繁,不宜采用螺栓连接的场合。例如,混凝土屋架、屋面梁悬挂单轨梁吊挂件等都采用螺柱连接。

地脚螺栓分为一般地脚螺栓、直角地脚螺栓、锤头螺栓和锚固地脚螺栓等,如图 2.11 所示。一般地脚螺栓、直角地脚螺栓和锤头螺栓是在混凝土浇筑前预埋在基础之中,用于固定钢柱;锚固地脚螺栓是在已成型的混凝土基础上经钻机成孔后,再安装、灌浆固定的一种地脚螺栓。

螺栓的标记方式为 $Md \times z$。其中,d 为螺栓规格(即直径),z 为螺栓的公称长度,如 M16×80。

图 2.10　双头螺柱

(a) 一般地脚螺栓　　　　(b) 直角地脚螺栓　　　　(c) 锚固地脚螺栓

图 2.11　地脚锚栓

2. 高强度螺栓

高强度螺栓的全称为高强度螺栓副,其包括高强螺杆、配套螺母和垫圈等,如图 2.12 所示。高强度螺栓从外形上可分为大六角头高强度螺栓和扭剪型高强度螺栓两种;按性能等级可分为 8.8 级、10.9 级。目前我国使用的大六角头高强度螺栓有 8.8 级和 10.9 级两种,扭剪型高强度螺栓只有 10.9 级一种。

大六角头高强度螺栓副由一个螺栓、一个螺母、两个垫圈(螺头和螺母两侧各一个垫圈)组成,如图 2.12(a)所示。扭剪型高强螺栓连接副由一个螺栓、一个螺母、一个垫圈组成,其尾部连接有一个梅花头,梅花头与螺栓尾部之间有一道沟槽,如图 2.12(b)所示。

(a) 大六角头高强度螺栓　　　　(b) 扭剪型高强度螺栓

图 2.12　高强度螺栓

3. 螺栓进场验收

螺栓进场验收时应做好质量验收记录,见表2.4。

表2.4 钢结构原材料及成品(紧固件连接)进场检验批质量验收记录

工程名称			检验部位		监理(建设)单位验收意见
施工单位			项目经理		
执行企业标准名称及编号					
		施工质量验收规范规定		施工单位检查记录	
主控项目	1	钢结构连接用高强度大六角头螺栓连接副、扭剪型高强度螺栓连接副、钢网架用高强度螺栓、普通螺栓、铆钉、自攻钉、拉铆钉、射钉、锚栓(机械型和化学试剂型)、地脚螺栓等紧固标准件及螺母、垫圈等标准配件,其品种、规格、性能等应符合现行国家产品标准和设计要求。高强度大六角头螺栓连接副、扭剪型高强度螺栓连接副出厂时应分别随箱带有扭矩系数和紧固轴力(预拉力)的检验报告		高强度大六角头螺栓连接副的品种、规格、性能等应符合国家产品标准和设计要求,有相应的合格证明文件和检验报告	
	2	高强度大六角头螺栓连接副应按 GB 50205—2001 规范中附录 B 的规定检验其扭矩系数,检验结果应符合规范的规定		经见证取样进行复检,复检报告×××,符合要求	
		扭剪型高强度螺栓连接副应按 GB 50205—2001 规范中附录 B 的规定检验其预拉力,检验结果应符合规范的规定			
一般项目	1	高强度螺栓连接副应按包装箱配套供货,包装箱上应标明批号、规格、数量及生产日期。螺栓、螺母、垫圈表面应涂油保护,不应出现生锈和沾染脏物,螺纹不应损伤		符合要求	
	2	建筑结构安全等级为一级,跨度 40 m 以上的螺栓球节点钢网架结构,其连接高强度螺栓应进行表面硬度试验。8.8级高强度螺栓硬度应为 HRC21～29;10.9级高强度螺栓硬度应为 HRC32～36		M27、M30、10.9S 高强螺栓硬度为 HRC33～34.6	
		主控项目: 一般项目:			

施工单位检查评定结果	施工班组长: 专业施工员: 专职质检员: 年 月 日	监理(建设)单位验收评定结论	专业监理工程师: (建设单位项目专业技术负责人): 年 月 日

学习任务 **2** 识读钢结构施工图纸

任务书

建筑施工图纸是技术人员表达实际建筑的书面语言，了解施工图的基本知识，并能够看懂施工图纸，是工程施工技术人员应掌握的基本技能。钢结构工程与钢筋混凝土工程相比，并没有统一的平法绘图，完全靠设计人员的习惯进行绘图，因此初学者会觉得钢结构图纸太杂乱，没有规律。其实，图纸是由很多的符号组合而成，钢结构工程大体上包括钢构件符号、焊缝符号和螺栓符号，学习者在学习时可以采取化繁为简的方法，即只要掌握了这三种符号含义和用法，那不管设计者的设计习惯如何，都能够准确识读施工图纸。

钢结构设计图纸分为设计图和施工详图两个阶段。其中，设计图由设计单位提供；施工详图通常由钢结构施工单位根据设计图纸编制，编制施工详图的目的是直接提供给制造、加工的施工人员使用，一般称之为拆图，也就是需要技术人员看懂设计图纸的前提下进行编制，下面主要介绍设计图纸的识读。

本学习任务以某单层工程厂房设计图纸为载体，分别介绍构件、焊缝、螺栓符号的表示方法，另外增加节点详图介绍，从而使学习者达到识读图纸的基本要求。

【能力目标】

（1）能熟练并准确的识读设计图纸。

（2）能根据设计图纸对构件进行拆解。

【知识目标】

（1）熟悉设计图纸的基本构成。

（2）掌握钢构件的符号标注方法。

（3）掌握焊缝的符号标注方法。

（4）掌握螺栓的符号标注方法。

（5）掌握钢结构常用节点的构造。

学习内容

一、施工图的内容

工程图纸的设计，是由建设方通过招标选择设计单位之后进行委托设计，设计单位根据建设方提供的设计任务书和设计资料，如房屋的用途、规模，以及所在地的自然条件、地理情况等设计绘制成图。一般需经过初步设计、技术设计和施工图设计三个阶段,最终形成的施工图纸是设计人员的最终成果,也是施工单位进行施工的主要依据,一般分为建筑总平面图、建筑施工图、钢结构施工图、电气设备施工图、给排水施工图、采暖和通风空调施工图等几个部分。

1. 建筑总平面图

将新建建筑物四周一定范围内的原有和拆除的建筑物、构筑物连同其周围的地形、地物状况,用水平投影方法和相应的图例所画出的图样,称为建筑总平面图(或称总平面布置图),简称为总平面图或总图。总平面图表示出新建房屋的平面形状、位置、朝向及其与周围地形、地物的关系等。总平面图是新建房屋定位、施工放线、土方施工及有关专业管线布置和施工总平面布置的依据。

2. 建筑施工图

建筑施工图是说明房屋建筑构造的图纸,在图类中以建施××图来标识,以区别于其他图纸。建筑施工图用来表示房屋的建筑造型、规模、外部尺寸、细部构造、建筑装饰及施工要求等。其包括建筑平面、立面图、剖面图和详图(大样图),还要注明采用的建筑材料和做法要求等。

3. 钢结构设计图

钢结构设计图是说明基础和主体部分结构构造及要求的图纸,包括结构类型、结构尺寸、结构标高、使用材料、技术要求以及结构构件的详图和构造等。这类图纸在图示上的图号常写为结施××图。钢结构设计图的内容一般包括以下几部分。

1)图纸目录

对应图纸的目录列表。

2)设计总说明

(1)设计依据:包括工程合同书等设计文件、岩土工程报告、设计基础资料及有关设计规范等。

(2)设计荷载资料:包括各种荷载取值、抗震设防烈度和抗震设防类别等。

(3)设计简介:简述工程概况、设计假定、特点和设计要求以及使用程序等。

(4)材料的选用:对各部分构件选用的钢材应按主次分别提出钢材质量等级和牌号以及性能的要求,相应钢材等级性能选用配套的焊条和焊丝的牌号及性能要求,选用高强度螺栓和普通螺栓的性能级别等。

(5)制作安装:包括技术要求及允许偏差、螺栓连接强度和施拧要求、焊缝质量要求和焊缝检验等级要求、防腐和防火措施、运输和安装要求等。

(6)需要进行试验的特殊说明。

3)柱脚锚栓布置图

按一定比例绘制柱网平面布置图,在该图上标注出各个钢柱柱脚锚栓的平面位置,即相对于纵横轴线的位置尺寸,并在基础剖面上标出锚栓空间位置标高,以及标明锚栓规格数量及埋设深度等。

4)纵、横、立面图

当房屋钢结构比较高大或平面布置比较复杂、柱网不太规则,或立面高低错落等时,为了表达清楚整个结构体系的全貌,宜绘制纵、横、立面图,主要表达结构的外形轮廓,相关尺寸和标高,纵横轴线编号及跨度尺寸和高度尺寸,剖面宜选择具有代表性的或需要特殊表示清楚的地方。

5)结构布置图

结构布置图主要表达各个构件在平面中所处在的位置并对各种构件选用的截面进行编号,具体如下。

(1)屋盖平面布置图:包括屋盖檩条布置图和屋盖支撑布置图。其中,屋盖檩条布置图主要表示檩条间距和编号以及檩条之间设置的直拉条、斜拉条的布置和编号;屋盖支撑布置图主要表示屋盖水平支撑、纵向刚性支撑、屋面梁的隅撑等的布置及编号。

(2)柱子平面布置图:主要表示钢柱(或门式刚架)和山墙柱的布置及编号。其纵剖面表示柱间支撑及墙梁布置与编号,包括墙梁的直拉条和斜拉条布置与编号,柱隅撑布置与编号等;横剖面重点表示山墙柱间支撑、墙梁及拉条面布置与编号。

(3)吊车梁平面布置表示吊车梁及其支撑布置与编号。

(4)高层钢结构的结构布置图。

① 高层钢结构的各层平面应分别绘制结构平面布置图,若有标准层则可合并绘制,对于平面布置较为复杂的楼层,必要时可增加剖面以便表示清楚各构件关系。

② 当高层结构采用钢与混凝土组合的混合结构或部分混合结构时,则可仅表示型钢部分及其连接,而混凝土结构部分另行出图与其配合使用(包括构件截面与编号)。

③ 除主要构件外,楼梯结构系统构件上开洞、局部加强、围护结构等可根据不同内容分别编制专门的布置图及相关节点图,与主要平、立面布置图配合使用。

④ 对于双向受力构件,至少应将柱子脚底的双向内力组合值及其方向填写清楚,以便于基础详图设计。

⑤ 布置图应注明柱网的定位轴线编号、跨度和柱距,在剖面图中主要构件在有特殊连接或特殊变化处(如柱子上的牛腿或支托处,安装接头、柱梁接头或柱子变截面处)应标注标高。

⑥ 构件编号。应按"建筑结构制图标准"规定的常用构件代号作为构件编号。在实际工程中,可能会出现在一个项目里,名称相同而材料不同的构件,为了便于区分,可在构件代号前加注材料代号,但应在图纸中加以说明。一些特殊构件在常用构件代号中未作出规定,可参照规定的编制方法用汉语拼音字头编制代号。在代号后面可用阿拉伯数字按构件主次顺序进行编号,一般来说只在构件的主要投影面上标注一次,不要重复编写,以防出错。一个构件若截面和外形相同,长度虽不同,仍可以编为同一个号;若组合梁截面相同而外形不同,则应分别编号。

⑦ 结构布置图中的构件,当为实腹截面或钢管时,可用单线条绘制,并明确表示构件间连接点的位置。粗实线为有编号数字的构件,细实线为有关联但非主要表示的其他构件,虚线可用来表示垂直支撑和隅撑等。

6)节点详图

(1)节点详图在设计阶段应表示清楚各构件间的相互连接关系及其构造特点,节点上应标明在整个结构物的相关位置,即应标出轴线编号、相关尺寸、主要控制标高、构件编号或截面规格、节点板厚度及加劲肋做法等。构件与节点板采用焊接连接时,应标明焊脚尺寸及焊缝符号。构件采用螺栓连接时,应标明螺栓类型、直径和数量等。设计阶段的节点详图具体构造作法必

须交代清楚。

（2）绘制节点图，一般是绘制结构物连接构造复杂处、主要构件连接处、不同结构材料连接处、需要特殊交代清楚的部位等。

（3）节点的圈法，应根据设计者要表达的设计意图来圈定范围，重要的部位或连接较多的部分可圈较大范围，以便看清楚其全貌，如屋脊与山墙部分、纵横墙及柱与山墙部位等。一般是在平面布置图或立面图上圈节点，重要的典型安装拼接节点应绘制节点详图。

7）构件图

（1）格构式构件（包括平面桁架和立体桁架以及截面较为复杂的组合构件等）需要绘制构件图，门式刚架由于采用变截面，故也要绘制构件图。通过构件图表达构件的外形及其几何尺寸，方便绘制施工详图。

（2）平面或立体桁架构件图。

① 一般杆件均可用单线绘制，但弦杆必须注明重心距，其几何尺寸应以重心线为准。

② 当桁架构件图为轴对称时，可在左侧标注杆件截面大小，在右侧标注杆件内力。当桁架构件图不对称时，则在杆件上方标注杆件截面大小，在下方标注杆件内力。

（3）柱子构件图一般应按其外形整根竖放绘制，在支承吊车梁肢和支承屋架肢上用双线绘制，腹杆用单实线绘制，并绘制各截面变化处的各个剖面，注明相应的规格尺寸、柱段控制标高和轴线编号的相关尺寸。柱子尽量全长绘制，以反映柱子全貌，如果竖放绘制有困难，可以整根柱子平放绘制，柱顶绘制于左侧，柱脚绘制于右侧，尺寸和标高均应标注清楚。

门式刚架构件图可利用对称性绘制，主要标注其变截面柱和变截面斜梁的外形和几何尺寸、定位轴线和标高，以及柱截面与定位轴线的相关尺寸等。

4. 电气设备施工图

电气设备施工图是说明房屋内电气设备位置、线路走向、总功率、用线规格和品种的图纸，分为平面图、系统图和详图。

5. 给排水施工图

给排水施工图主要说明一座房屋建筑中用水点的布置和水排出的位置，俗称卫生设备的布置，包括上下管线的走向、管径大小、排水坡度，以及使用的卫生设备规格、型号等。这类图纸也分为平面图、系统图和详图。

6. 采暖和通风空调施工图

采暖施工图主要是说明北方需供暖地区要装置的设备和线路的图纸。它包括区域的供热管线的总图，表明管线走向、管径、膨胀节等；以及在进入一座房屋之后要表示立管的位置（供热管和回水管）和水平管走向，散热器装置的位置和数量、型号、规格、品牌等。图上还应表示出主要部位的阀门和必需的零件。采暖施工图分为平面图、透视图（系统图）和详图，以及对施工的技术要求的说明等。

通风空调施工图是在房屋建筑功能日趋提高后出现的。其图纸可分为管道走向的平面图和剖面图。图上要表示通风空调与建筑的关系尺寸、管道的长度和断面尺寸、保温的做法和厚度。在建筑施工图中还要表示出、回风口的位置和尺寸，以及回风道的建筑尺寸和构造。通风空调施工图中同样也有其相应的技术说明。

二、识图的基本方法和步骤

1. 方法

识图前先弄清楚图纸的类型,然后根据图纸的特点来识读。识图经验可归纳为:从上往下看,从左往右看,由外往里看,由大到小看,由粗到细看,图样与说明对照看,建施图与结施图结合看,有必要时还要参照设备图来识读图纸。

2. 步骤

识图的具体步骤如下。

(1)阅读图纸目录,了解:①建筑的类型,如为工业建筑或民用建筑;②确定建筑面积;③确定建筑是单层建筑,还是多层或高层建筑;④确定建设单位和设计单位;⑤确定图纸的数量。通过以上分析,对这份图纸的建筑类型有初步的了解。

(2)按照图纸目录检查各类图纸是否齐全,图纸编号与图名是否符合;若采用相配的标准图则要了解标准图是哪一类的,确定图集的编号和编制的单位;同时应准备一份标准图集方便随时查看;图纸齐全后就可以按图纸顺序识图了。

识图程序是先阅读设计总说明,了解建筑概况、技术要求等,然后再逐份识读图纸。一般按目录的排列顺序来识读图纸,如先看建筑总平面图,了解建筑物的地理位置、高程、坐标、朝向,以及与建筑有关的一些情况。作为施工技术人员,看完了施工总平面图之后,需要进一步考虑施工时如何进行施工的平面布置。

看完总平面图后,先看建筑施工图中的建筑平面图,了解房屋的长度、宽度、轴线尺寸、开间大小、一般布局等,再看立面图和剖面图,从而对这栋建筑物有一个全面的了解。

在对建筑施工图有了总体了解之后,我们可以从基础施工图一步步地深入看图了。应当从基础的类型、挖土的深度、基础尺寸、构造、轴线位置等开始仔细地阅读。按基础→钢结构→建筑→详图这个顺序来看图。遇到问题做好记录,以便通过继续看图得到解决,或者在图纸会审时提出得到答复。对于钢结构工程主要了解钢材、结构形式、节点做法、组装放样、施工顺序等。

在看图中若能把一张平面上的图形,想象成一栋带有立体效果的建筑形象,那就具有一定的看图水平了,当然这需要通过积累、实践、总结才能获得这种能力。

三、钢材符号

常用型钢的标注方法见表2.5。

表 2.5　常用型钢的标注方法

名称	截面	标注	说明
等边角钢	∟	∟ $b \times t$	b 为肢宽,t 为厚度;如∟80×8 为等边角钢,其肢宽为 80 mm,厚度为 8 mm
不等边角钢	∟ B	∟ $B \times b \times t$	B 为长肢宽,b 为短肢宽,t 为肢厚

续表

名称	截面	标注	说明
工字钢	I	⊥N　Q⊥N	轻型工字钢加注 Q,N 为工字钢的型号
槽钢	[	[N　Q[N	轻型槽钢加注 Q,N 为槽钢的型号
方钢	▨ b	□ b	□900 表示边长为 900 mm 的方钢
扁钢	b	— b×t	—150×4 表示宽度为 150 mm,厚度为 4 mm 的扁钢
钢板	——	$\dfrac{-b \times t}{l}$	宽度×厚度/长度
圆钢	⊘	ϕd	如 $\phi 30$ 表示直径为 30 mm 的圆钢
钢管	○	$\phi d \times t$	如 $\phi 90 \times 8$ 表示外径为 90 mm,壁厚为 8 mm 的钢管
薄壁 C 型钢	C	B $h \times b \times a \times t$	B 代表薄壁,C180×60×20×2 表示截面高度为 180 mm,宽度 60 mm,卷边宽度为 20 mm,壁厚为 2 mm 的 C 型钢
薄壁 Z 型钢	⌐⌐	B $h \times b \times a \times t$	B 代表薄壁,Z120×60×30×2 表示截面高度为 120 mm,宽度 60 mm,卷边宽度为 30 mm,壁厚为 2 mm 的 Z 型钢
热轧 H 型钢	H	HW×× HM×× HN××	HW 为宽翼缘,HM 为中翼缘,HN 为窄翼缘
焊接 H 型钢	⊥	H $h \times b \times t_1 \times t_2$	H200×100×3.5×4 表示截面高度为 200 mm,宽度为 100 mm,腹板厚度为 3.5 mm,翼缘厚度为 4 mm 的焊接 H 型钢

四、螺栓、孔、电焊铆钉的表示方法

螺栓、孔、电焊铆钉的表示方法见表 2.6。

表 2.6　螺栓、孔、电焊铆钉的表示方法

序号	名称	图例	说明
1	永久螺栓	$\dfrac{M}{\phi}$	(1)细十字线表示定位线; (2)M 表示螺栓型号; (3)ϕ 表示螺栓孔直径;
2	高强度螺栓	$\dfrac{M}{\phi}$	(4)采用引出线表示螺栓时,横线上标注螺栓规格,横线下标注螺栓孔直径; (5)d 表示膨胀螺栓和电焊铆钉的直径

续表

序号	名称	图例	说明
3	安装螺栓		
4	胀锚螺栓		(1) 细十字线表示定位线； (2) M 表示螺栓型号； (3) ϕ 表示螺栓孔直径； (4) 采用引出线表示螺栓时，横线上标注螺栓规格，横线下标注螺栓孔直径； (5) d 表示膨胀螺栓和电焊铆钉的直径
5	圆形螺栓孔		
6	长圆形螺栓孔		
7	电焊铆钉		

五、焊缝标注

1. 焊缝形式

焊件经焊接后所形成的结合部分，即填充金属与熔化的母材凝固后所形成的区域，称为焊缝。焊缝形式分为对接焊缝（坡口焊缝）和角焊缝。

（1）对接焊缝：在焊件的坡口面间或一个焊件的坡口面与另一个焊件端（表）面间焊接的焊缝，称为对接焊缝，也称为坡口焊缝，因为在施焊时，焊件间须具有适合于焊条转动的空间，因此，一般将焊件边缘开坡口，焊缝就形成在两焊件的坡口面间或一个焊件的坡口面与另一焊件的表面之间。常用的坡口形式有 V 形，I 形，U 形，X 形等形式，如图 2.13 所示。

(a) I形坡口　　　　　(b) U形坡口　　　　　(c) X形坡口

图 2.13　对接焊缝示意图

（2）角焊缝：沿两直交或近直交焊件的交线所焊接的焊缝，称为角焊缝，如图 2.14 所示。在角焊缝横截面中画出的最大等腰直角三角形中直角边的长度为角焊缝的焊脚尺寸，用 h_f 表示，它是角焊缝的一个重要参数。

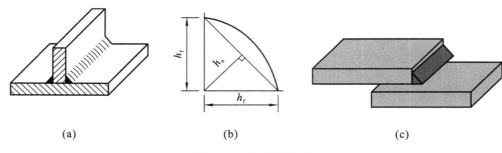

图 2.14　角焊缝示意图

2. 焊缝符号的标注

在图样上标注焊接方法、焊缝形式和焊缝尺寸的代号称为焊缝符号。根据国家标准《焊缝符号表示法》(GB/T 324—2008)的规定，焊缝符号一般由基本符号与指引线组成，必要时还可以加上辅助符号、补充符号和焊缝尺寸符号。

1）基本符号

基本符号是表示焊缝横截面形状的符号，如表 2.7 所示。

表 2.7　焊缝基本符号示意图例

序号	名称	示意图	符号
1	角焊缝		
2	点焊缝		
3	I 形焊缝		
4	V 形焊缝		

续表

序号	名称	示意图	符号
5	单边V形焊缝		$\bigvee$
6	带钝边V形焊缝		Y
7	塞焊缝		
8	缝焊缝		
9	封底焊缝		

2）指引线

指引线的具体要求如下。

（1）指引线由一条实线、一条虚线的基准线和箭头所组成,线型均为细线。

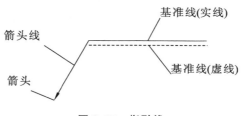

图2.15 指引线

（2）基准线的虚线可以画在实线的上侧或下侧。

（3）如果焊缝在箭头侧,则将基本符号标注于基准线的实线侧,见图2.16(a)；如果焊缝在接头的非箭头侧(即不可见焊缝),则将基本符号标注于基准线的虚线侧,见图2.16(b)；标注对称焊缝及双面焊缝时,可省略虚线基准线,见图2.16(c)。

（4）相同焊缝符号的标注。在同一图形上,当焊缝的形式、剖面尺寸和辅助要求均相同时,只需选择一处标注代号即可,并应加注相同焊缝符号,但必须画在钝角处。相同焊缝符号为3/4

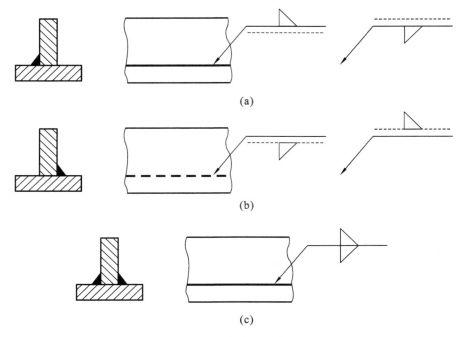

图 2.16　焊缝符号的标注

圆弧,如图 2.17 所示。

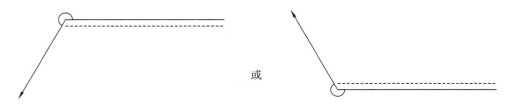

或

图 2.17　相同焊缝的标注

（5）施工现场焊缝标注。需在施工现场进行焊接的焊件焊缝,应标注施工现场焊缝符号。施工现场焊缝符号为涂黑的三角形旗符号,一般将其放置于引出线的转折处,如图 2.18 所示。

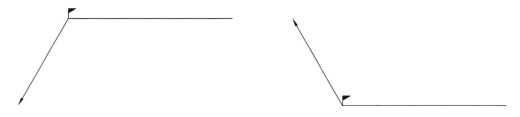

图 2.18　施工现场焊缝的标注

3）尺寸标注

焊缝标注时常用的符号及其示意图见表 2.8。

表 2.8　焊缝常用尺寸符号

符号	名称	示意图
α	坡口角度	
β	坡口面角度	
c s	焊缝宽度 焊缝厚度	
p	钝边	
H	坡口深度	
k	焊脚尺寸	
d	塞焊直径	
n	焊缝段数	$n=2$
l	焊缝长度	
e	焊缝间距	
N	相同焊缝数量	$N=3$

一般在实际工程标注中,基准线不加虚线。辅助符号和补充符号标注可以参见国家标准《焊缝符号表示法》(GB/T 324—2008)。

六、钢结构节点详图

钢结构的连接包括焊缝连接、铆钉连接和螺栓连接等,其连接部分统称为节点,节点详图的识读也是相关技术人员必须掌握的技能。

在识读节点施工详图时,应特别注意连接件(如螺栓和焊缝等)和辅助件(如拼接板、节点板、垫块等)的型号、尺寸和位置的标注。在具备了钢结构施工图基本知识的基础上,即可对钢结构节点详图进行分类识读。

节点详图主要包括梁柱节点详图、梁梁节点详图、屋脊节点详图和柱脚详图等。

1. 柱脚

钢结构柱脚即钢柱与钢筋混凝土基础的连接节点,由于混凝土的强度远低于钢材的强度,所以必须把柱的底部放大,以增加其与基础顶部的接触面积。柱脚的作用是把柱下端固定并将内力传给基础。

钢结构柱脚按其构造形式的不同可分为外露式柱脚、插入式柱脚、埋入式柱脚、外包式柱脚等。单层工业厂房多用外露式柱脚或插入式柱脚,多层框架结构一般采用埋入式柱脚或者外包式柱脚。

1) 外露式柱脚

外露式柱脚是采用将钢柱与刚度比较大的底板焊牢,将底板用预埋在混凝土中的锚栓固定的构造形式,如图 2.19 与图 2.20 所示。下面是几种比较常见的外露式柱脚形式。

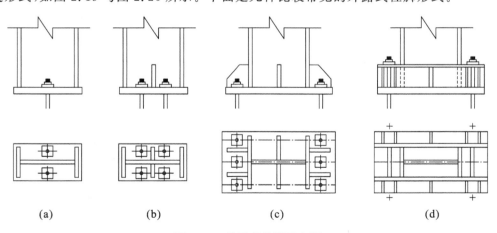

| (a) | (b) | (c) | (d) |

图 2.19　外露式柱脚示意图

(1) 根据柱的轴力大小的不同,柱脚一般设计为底板、靴梁、隔板或者肋板等形式,用锚栓固定于混凝土基础上,在柱子吊装就位后,用垫板套住锚栓并将其与底板焊牢。柱底板上孔径一般为锚栓直径的 1.5 倍,或者直接在底板上开缺口。

(2) 柱身置于底板上,柱两侧由两块靴梁夹住,靴梁分别与柱翼缘和底板焊牢,柱脚一般布置四个锚栓,锚栓并不固定在底板上,而是通过在靴梁侧面每个锚栓处焊两块肋板,并在肋板上

(a)	(b)

图 2.20 外露式柱脚实物图片

设置水平板,组成锚栓支架,将锚栓固定在锚栓支架的水平板上,为便于安装调整柱脚的位置,水平上的锚栓孔(或缺口)直径为锚栓的 1.5～2 倍,锚栓穿过水平板就位后,用有孔垫板套住锚栓,并与锚栓焊牢。垫板孔径一般只比锚栓直径大 1～2 mm,此外在锚栓支架间应布置竖向隔板锚,增加柱脚刚性。

我国钢结构设计规范中规定不允许锚栓承担抗剪,剪力是通过底板和基础顶面的摩擦力来传递的,若不满足要求则应设抗剪键。

2)插入式柱脚

插入式柱脚是指将钢柱直接插入已浇筑好的杯口内,经校准后用细石混凝土浇灌至基础顶面,使钢柱与基础刚性连接,如图 2.21 所示。柱脚的作用是将钢柱下端的内力(轴力、弯矩、剪力等)通过二次浇灌的细石混凝土传给基础,其作用力的传递机理与埋入式柱脚基本相同,效果很好。这种柱脚构造简单、节约钢材、安全可靠。

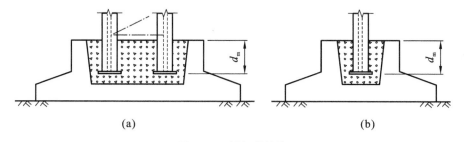

(a)	(b)

图 2.21 插入式柱脚

3)埋入式柱脚

埋入式柱脚是将钢柱底部相当于柱子截面高度两倍左右的长度埋入刚度较大的地下室墙或基础梁中,并且周围用钢筋混凝土加强,如图 2.22 所示。埋入式柱脚一般有两种形式:一种是先将钢柱组装固定,后浇筑钢筋混凝土基础梁;另一种是在浇筑钢筋混凝土基础梁时预留钢柱洞口,然后安装钢柱,再浇筑混凝土。

4)外包式柱脚

外包式柱脚是将钢柱直接置于地下室墙或基础梁顶面,并在钢柱底部将相当于柱子截面高度 2.5～3 倍的一段用钢筋混凝土包裹,如图 2.23 所示。

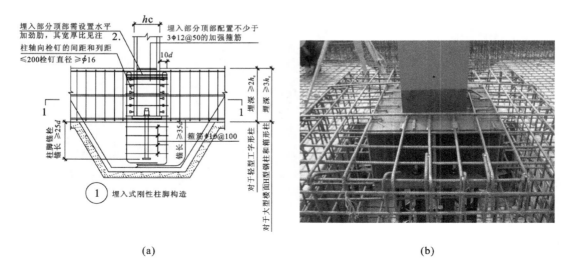

(a)

(b)

图 2.22　埋入式柱脚

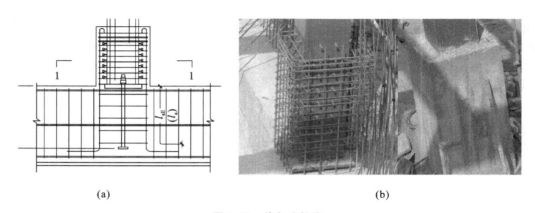

(a)

(b)

图 2.23　外包式柱脚

2. 梁柱节点（梁与柱以及梁与梁的连接）

1）门式刚架常用梁柱节点

门式刚架斜梁与柱的连接，包括端板竖放、端板横放、端板斜放三种形式，如图 2.24 和图 2.25所示。

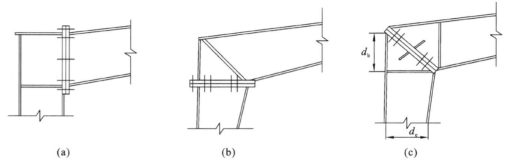

(a)

(b)

(c)

图 2.24　门式刚架梁柱节点一

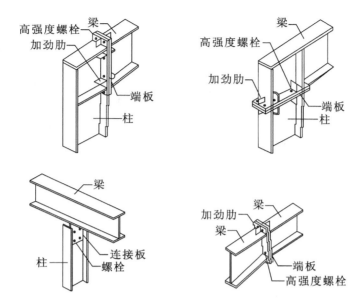

图 2.25　门式刚架梁柱节点二

2）多高层框架常用梁柱节点

多高层框架常用梁柱节点见图 2.26 至图 2.28。

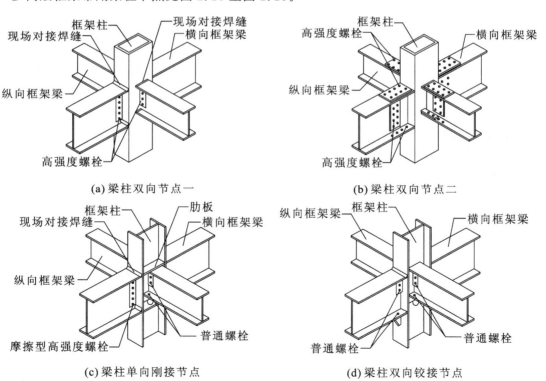

(a) 梁柱双向节点一　　　　　　　(b) 梁柱双向节点二

(c) 梁柱单向刚接节点　　　　　　(d) 梁柱双向铰接节点

图 2.26　多高层钢结构常用梁柱节点

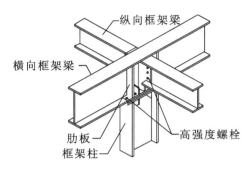

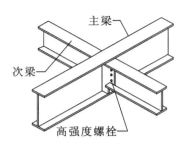

图 2.27　通梁方式柱顶节点　　　　图 2.28　主次梁连接节点

3. 吊车梁常见节点

吊车梁常见节点如图 2.29 所示。

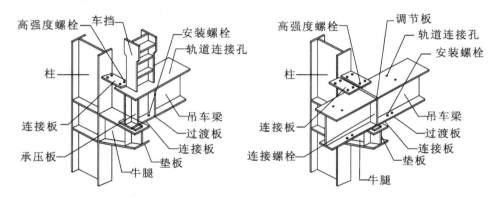

图 2.29　吊车梁常见节点

4. 檩条安装节点

檩条安装节点如图 2.30 和图 2.31 所示。

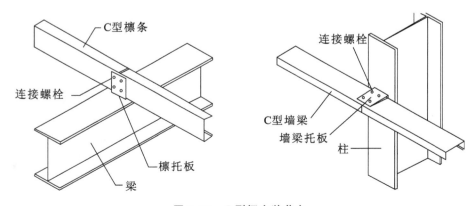

图 2.30　C 型钢安装节点

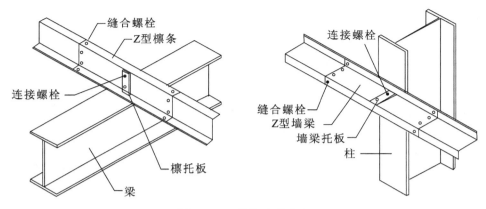

图 2.31 Z 型钢安装节点

学习拓展——角焊缝焊脚尺寸的确定

1. 角焊缝焊脚尺寸的构造要求

（1）最小焊脚尺寸的计算公式如下。

$$h_{fmin} = 1.5 \sqrt{t_{max}}$$

式中：t_{max}——较厚的焊件厚度，mm；对于自动焊可减小 1 mm，对于 T 形连接的单面焊缝应增加 1 mm；焊件厚度等于或小于 4 mm 时，则最小焊脚尺寸应和焊件相同。

（2）最大焊脚尺寸的计算公式如下。

$$h_{fmax} = 1.2 t_{min}$$

式中：t_{min}——较薄的焊件厚度，mm。

对于焊件边缘的角焊缝，施焊时难以焊满整个厚度，故应符合以下要求。

① $t_{min} \leqslant 6$ mm 时，$h_{fmax} = t_{min}$。

② $t_{min} > 6$ mm 时，$h_{fmax} = t_{min} - (1\sim2)$mm。

2. 角钢与连接板的角焊缝的焊脚尺寸确定

实际工程中，柱间支撑一般采用角钢与连接板相连。角钢焊缝可以分为肢背焊缝与肢尖焊缝，肢尖焊缝属于焊件边缘，因此在计算其焊脚尺寸时，所用公式不相同。

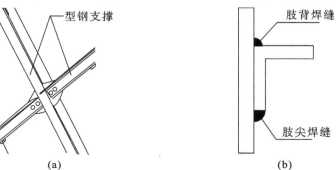

（a）　　　　　　　　　　　　　（b）

图 2.32 角钢支撑节点图

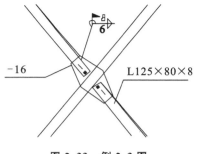

例 2-3 分析如图 2.33 所示的柱间支撑焊脚尺寸。

解 已知：$t_{max}=16$ mm，$t_{min}=8$ mm。

则 $h_{fmin}=1.5\sqrt{t_{max}}=1.5\sqrt{16}=6$ mm。

对于肢背非焊件边缘：$h_{fmax}=1.2t_{min}=9.6$ mm。

对于肢尖焊件边缘，由于 $t_{min}=8$ mm >6 mm，因此 $h_{fmax}=t_{min}-(1\sim2)$ mm $=(6\sim7)$ mm

综上所述，肢背焊缝焊脚尺寸区间为（6～9.6），肢尖焊缝焊脚尺寸区间为（6～7）mm。

图 2.33 例 2.3 图

学习任务 3 钢结构施工详图设计

任务书

施工技术人员作为设计人员与施工人员之间的纽带，需要把设计人员的设计意图准确传达给施工人员以确保工程的顺利施工，这就需要技术人员既能够看懂钢结构设计图纸，又能够绘制施工详图供施工人员使用。

因此，本学习任务主要介绍施工详图的绘制，主要包括设计深度、设计内容两部分内容，使学习者能进行简单施工详图的绘制。

【能力目标】

能根据设计图纸绘制施工详图。

【知识目标】

掌握钢结构施工详图的绘制内容。

学习内容

一、施工详图的设计深度

施工详图通常由钢结构施工单位根据设计图纸编制，编制施工详图的目的是直接供制造、加工的施工人员使用，钢结构施工详图的设计依据是钢结构设计图。

钢结构施工详图的深度要遵照《钢结构设计规范》(GB 50017—2003)，按便于加工制作的原则，对构件的构造予以完善，根据需要按钢结构设计图提供的内力进行焊缝计算或螺栓连接计算确定杆件长度和连接板尺寸,并考虑运输和安装的能力来确定构件的分段。

钢结构施工技术人员通过钢结构施工详图将构件的整体形象、构件中各零件的加工尺寸和要求、零件间的连接方法等内容详尽地介绍给构件制作人员。将构件所处的平面和立面位置,以及构件之间、构件与外部其他的构件之间的连接方法等详尽地介绍给构件的安装人员。

绘制钢结构施工详图关键在于详细,图纸是直接下料的依据,故尺寸标注应详细准确。图纸表达应意图明确,应争取用最少的图纸,来最清楚的表达设计意图,以减少绘制图纸的工作量。

二、钢结构施工详图的设计内容

钢结构施工详图的设计内容包括两部分:①根据设计单位提供的设计图对构件的钢结构构造进行完善;②进行钢结构施工详图的图纸绘制。

1.构造设计

1)焊接连接

焊接连接是钢结构设计中普遍采用的一种连接形式。其与螺栓连接相比,具有构造简单、施工方便、易于自动化操作,不削弱构件截面,生产效率高等优点。但是焊接连接的缺点也不少,主要是在热影响区内容易产生残余应力和残余变形,焊接后的材料性能对疲劳较敏感,焊接产生的气孔、夹渣、未熔合缺陷达到一定程度时引起接头强度和塑性(延性)、韧性的下降,焊接接头中的微小裂缝在工作应力的作用下可能扩张产生构件断裂现象。因此,设计时应特别重视。焊接的主要构造要求如下。

(1)焊接的构造要求:在设计中不得任意加大焊缝,应尽量避免焊缝的立体交叉。

(2)焊缝布置应尽量对称于构件或节点板截面和中轴,避免偏心传力。

(3)焊脚尺寸计算见学习任务 2 中学习拓展的相关内容。

(4)角焊缝长度不得小于 $8h_f$ 和 40 mm。侧面角焊缝的计算长度不宜大于 $60h_f$。

(5)选用焊接材料的材质应与主体金属相适应,当不同强度的钢材连接时,可采用与较低强度钢材相适应的焊接材料。

(6)在搭接连接中,搭接长度不得小于焊件较小厚度的 5 倍,并且不得小于 25 mm。

(7)为便于焊接操作,应尽量选用俯焊、平焊或搭焊的焊接位置,并应考虑合理的施焊空间。

2)螺栓连接

普通螺栓连接是钢结构连接中常采用的一种连接形式,由于安装方便,且传递拉力性能较好,所以广泛应用于承受静力荷载或间接承受动力荷载的结构中。高强度螺栓由于具有较好的抗冲击、耐疲劳性能,故被广泛应用于承受动力荷载的结构连接。同时,由于强度高,被广泛用于高层钢结构和大跨度空间钢结构中的连接。

高强度螺栓按受力性质分为以下两种:①依靠摩擦阻力传力,称为高强度螺栓摩擦型连接;②依靠杆身的承压和抗剪,称为高强度螺栓承压型连接,采用高强度螺栓承压型连接的构件,其剪切变形比高强度摩擦型螺栓连接大,故其适用承受静荷载或间接承受动力荷载并容许出现一定滑移的构件连接。

螺栓连接的构造要求有如下几点。

（1）在一般情况下，每一根杆件在节点上以及拼接接头一端的永久螺栓不宜少于两个。对螺栓球节点网架杆件端部连接允许采用一个螺栓。对组合结构的小截面杆件可采用一个螺栓连接。

（2）对直接承受动力荷载的普通螺栓连接应采用双螺母或其他防止松动的有效措施。螺栓孔规线及螺栓孔允许最大开孔直径要求应满足有关规定；螺栓的间距应满足规范规定。

（3）一般 C 级螺栓连接的制孔应采用钻成孔。摩擦型高强度螺栓连接的孔径比螺栓直径大 1.5～2.0 mm；承压型高强度螺栓连接的孔径比螺栓直径大 1.0～1.5 mm。

（4）一个构件若借助填板或其他中间板件与另一个构件连接时的螺栓数量，应按计算增加 10%。搭接或用拼接板的单面连接，螺栓数量应按计算增加 10%。在构件的端部连接中，当增加辅助短角钢两肢中的任一肢，所用的螺栓数应按计算增加 50%。

（5）当节点采用高强度螺栓和焊接连接并用时，对临近焊缝的高强度螺栓连接，若采用先拧后焊的工序，则高强度螺栓的承载力应降低 10%。

（6）螺栓长度计算公式为：
$$L = t + H + nh + C$$
式中：t——被连接件总厚度，mm；

H——螺母高度，一般为 $0.8d$；

n——垫圈个数；

h——垫圈厚度，mm；

c——螺纹外露长度，mm（一般为 5 mm）。

3）节点板及加劲肋

梁、柱之间和主、次梁之间通常采用连接板连接。连接板的厚度不得小于所连接梁腹板的厚度。连接板的厚度和尺寸应按板及连接承载力计算的结果以及焊缝、螺栓的构造布置来确定。计算时应考虑连接强度大于母材强度的原则，并应考虑因连接偏心传力而增加的附加弯矩的不利影响。

板的横向加劲肋主要用于集中荷载的扩散与传力部位，一般设于梁、柱刚接节点的梁翼缘对应处或偏心牛腿的翼缘对应处。

高层钢结构中柱在梁翼缘对应位置设置横向加劲肋，且加劲肋厚度不应小于梁翼厚度。梁柱与支撑连接处应在其腹板两侧设置加劲肋，加劲肋的高度应为梁腹板高度，厚度不应小于0.75倍腹板厚度。

支托板主要用于支承端板式支座，其上端面应进行刨平加工以提高承压强度，厚度一般较所支承端板厚 4～5 mm。

梁横向加劲肋主要用于保证腹板的局部稳定，增强梁的整体性能。短加劲肋将梁（柱）翼缘所受的局部荷载传递到梁（柱）的腹板上，其厚度不应小于次梁腹板厚度的 1.2 倍，端板加劲肋的厚度不应小于腹板厚度的 1.5 倍。

2. 钢结构施工详图绘制

1）图纸目录

对应图纸的目录列表。

2）施工详图总说明

（1）图的设计依据是设计图样。

（2）略述工程概况。

（3）结构选用钢材的材质和牌号要求。

（4）焊接材料的材质和牌号要求，或者螺栓连接的性能等级和精度类别要求。

（5）结构构件在加工制作过程的技术要求和注意事项。

（6）结构安装过程中的技术要求和注意事项。

（7）对构件质量检验的手段、等级要求，以及检验的依据。

（8）构件的分段要求及注意事项。

（9）钢结构的除锈和防腐以及防火要求。

（10）其他方面的特殊要求与说明。

3）锚栓布置图

锚栓布置图是根据设计图样进行设计，必须表明整个结构物的定位轴线和标高。在施工详图中必须表明锚栓中心与定位轴线的关系尺寸、锚栓之间的定位尺寸。

绘制锚栓详图标明锚栓螺栓长度，在螺纹处的螺栓直径及埋设深度的圆钢直径、埋设深度以及锚固弯钩长度，标明双螺母及其规格，如果同一根柱脚有多个锚栓，则在锚栓之间应设置固定架，把锚栓的相对位置固定好，固定架应有较好的刚度，固定架表面标明其标高位置，然后列出材料表。

4）结构布置图

（1）构件在结构布置图中必须进行编号，在编号前必须熟悉每个构件的结构形式、构造情况、所用材料、几何尺寸以及与其他构件的连接形式等，并按构件所处地位的重要程度分类，依次设置构件的编号。

（2）构件编号的原则如下。

① 对于结构形式、各部分构造、几何尺寸、材料截面、零件加工、焊缝高度和长度完全一样的构件可以编为同一个编号，否则应另行编号。

② 对超长度、超高度、超宽度或箱形构件，若需要分段、分片运输时，应将各段、各片分别编号。高层钢结构的柱子可以分段编号，同一根柱子自下而上地编排号。

③ 一般应选用汉语拼音字母作为编号的字首，编号用阿拉伯数字按构件主次顺序进行标注，而且只在构件的主要投影面上标注一次，必要时再以底视图或侧视图补充投影，但不应重复。

④ 各类构件的编号必须连续，如上、下弦系杆，上、下弦水平支撑等的编号必须各自按顺序编号，不应出现反复跳跃编号。

⑤ 对于厂房柱网系统的构件编号，柱子是主要构件，柱间支撑是次要构件，故应先对柱子编号，后对支撑编号。

⑥ 对于高层钢结构，应先对框架柱编号，后对框架梁编号，然后对次梁及其他构件编号。

⑦ 平面布置图中的编号：先编主梁，采取先横向，后竖向，自左向右的顺序；后编次梁，采取先横向，后竖向，自下向上的顺序。

⑧ 立面布置图中的编号：先编主要柱子，后编较小柱子；先编大支撑，后编小支撑。

⑨ 对于屋盖体系的编号,采取先下弦平面图,后上弦平面图的顺序。依次对屋架、托架、垂直支撑、系杆和水平支撑进行编号,然后对檩条及拉条编号。

(3) 构件表。

在结构布置图中必须列出构件表,构件表中要标明构件编号、构件名称、构件截面、构件数量、构件单重和总重等,以便于阅图者统计。

5) 安装节点图

(1) 安装节点图包含以下内容。

① 安装节点图是用于表明各构件间相互连接的情况,包括构件与外部构件的连接形式、连接方法、控制尺寸和有关标高等。

② 对屋盖还应强调上弦和下弦水平支撑就位后角钢的肢尖朝向。

③ 表明构件的现场或工厂的拼接节点。

④ 表明构件上的开孔(洞)及局部加强的构造处理。

⑤ 表明构件上加劲肋的做法。

⑥ 表明抗剪键等的布置与连接构造。

(2) 绘制安装节点比例,一般采用1∶10,应注明安装及构造要求的有关尺寸及有关标高。

(3) 安装节点的圈定方法与绘制要求如下。

① 选择比较复杂结构的安装节点,以便供安装时使用。

② 与不同结构材料连接的节点。

③ 与相邻结构系统连接的比较复杂的节点。

④ 构件在安装时的拼接接头。

⑤ 与节点连接的构件较多的节点。

6) 构件详图

(1) 图形简化。

为了减少绘图工作量,应尽量将图形相同和图形相反的构件合并绘制于一张图纸中。

① 若构件1与构件2成轴对称关系,则称这两个构件为相反。

② 若构件1与构件2的几何尺寸、具体构造、材料截面等完全相同,但可能构件1比构件2多连接一些零件,可以绘制为一个图形,将不同部位圈出来注明仅用于构件1。

③ 若构件1与构件2属于相同关系,但构件1比构件2多打了一排孔,可以将二者绘制为一个图形,将其多打孔部分圈出来注明仅用于构件1。

④ 若构件本身存在对称关系,可以绘制构件的一半。

(2) 图形分类排版。

尽量将同一构件集中绘制于一张或几张图中,版面中图形排放应注意以下要求:①满而不挤,井然有序;②详图中应突出主视图位置,剖面图放置于其余位置;③图形应清晰、醒目,并符合视觉比例的要求;④图形中线条的粗、细、实、虚应能够明显区分,层次应分明,尺寸线粗细与图形大小应适中。

(3) 构件详图应依据布置图的构件编号按类别顺序绘制,构件主投影面的位置应与布置图一致。构件主投影面应标注加工尺寸线、装配尺寸线和安装尺寸线,三道尺寸应明显分开标注。

（4）较长且复杂的格构式柱,若因图幅的限制不能垂直绘制,可以横放绘制,一般柱脚应绘制于图纸右侧。

（5）大型格构式构件在绘制详图时应在图纸的左上角绘制单线几何图形,表明其几何尺寸及杆件内力值,一般构件可直接绘制详图。

（6）零件编号的规则如下。

① 对多图形的图面,应按从左至右、自上而下的顺序对零件编号。

② 先对主材编号,再对其他零件编号。

③ 先型材,后板材、钢管等;先大后小,先厚后薄。

④ 若两根构件相反,则只给正的构件编号。对称关系的零件应编为同一零件编号。

⑤ 当一根构件分别绘制于两张图上时,应视为同一张图纸进行编号。

（7）放大样。

杆件的长度、节点板的尺寸以及它们的装配尺寸等由放大样确定,具体如下。

① 选择适当比例将构件几何图形缩小绘制在放样纸上。

② 选择较大比例将杆件截面外形绘制在几何图形样纸上。

③ 计算连接焊缝长度(或螺栓连接)确定焊缝长度,将计算结果加 10 mm。

④ 确定杆件端部界线,确定杆件长度。

⑤ 放焊缝长度(角钢背和尖二处各自定出长度)。

⑥ 确定节点板外形尺寸,具体如下:●外形必须包括焊缝长度在内;●一般节点板两边相互平行;●单杆件连接时,节点板可以切斜角,坡度板边与杆件平行处距离不小于 10 mm。

（8）材料表的绘制。

材料表是构件详图中一张图纸上构件所用全部材料的汇总表格,具体包括以下内容。

① 构件编号:如编号较长可转 90°填写。

② 零件编号:按该构件详图上零件号的顺序填写。

③ 截面尺寸:零件尺寸为加工后的尺寸,弯曲零件的长度,按重心线计算。截面填写方法,若为板材则填写按板宽×板厚,如 200×16 等,按制图标准填写。

④ 零件数量:此栏包括正、反两种,若两个零件的界面、长度都相同,但经加工后视为轴对称,以其中一个为正,则另一个为反。

⑤ 零件相同:各构件编号可能有共同的零件号,可将与其他构件编号相同的零件号集中写在该构件材料栏内的第一行,不写规格只写编号及其重量之和,然后再依次填写其他零件号。

学习任务 4 编制钢结构施工组织设计

任务书

钢结构施工组织设计是以施工项目为对象编制的,用于指导整个钢结构施工的技术、经济和管理的综合性文件,其在施工前必须编制完成并经审核批准。本学习任务的目标就是能够编写施工组织设计并能按照合理的程序进行报审。

本学习任务分为三部分,包括施工组织设计的基本概念、施工组织设计的审批程序和施工组织设计内容等。

【能力目标】

能编制施工组织设计并能进行报审。

【知识目标】

(1)掌握施工组织设计的分类与概念。

(2)掌握施工组织设计的审批程序。

(3)掌握施工组织设计的组成内容。

学习内容

一、基本知识

施工组织设计是以施工项目为对象编制的,用于指导施工的技术、经济和管理的综合性文件。施工组织设计按施工项目划分可分为施工组织总设计、单位工程施工组织设计、分部分项工程施工组织设计等。施工组织总设计是以若干单位工程组成的群体工程或特大型项目为主要对象编制的施工组织设计,对整个项目的施工过程起到了统筹规划、重点控制的作用。单位工程施工组织设计以单位(子单位)工程为主要对象编制的施工组织设计,对单位(子单位)工程的施工过程起指导和制约作用。分部分项施工组织设计是以分部(分项)工程或专项工程为主要对象编制的施工技术与组织方案,用于具体指导其施工过程,也可简称为施工方案。

施工组织设计按编制阶段的不同可分为投标性施工组织设计和实施性施工组织设计。施工组织设计在投标阶段通常被称为技术标,其不仅包含技术方面的内容,同时也涵盖了施工管理和造价控制方面的内容,是综合性的文件。编制投标阶段的施工组织设计,强调的是符合招标文件的要求,以中标为目的;编制实施阶段的施工组织设计,强调的是可操作性,同时鼓励企业技术创新。

二、施工组织设计的编制和审批

实施性施工组织设计(方案)必须在项目实施前完成,未经项目监理机构审核、签认,该项工程不得施工。总监理工程师对施工组织设计(方案)的审查、签认,不免除承包单位的责任。实施性施工组织设计(方案)一经批准,必须作为指导施工准备和组织施工的纲领文件。施工组织设计(方案)报审表见表2.9。

表 2.9　施工组织设计(方案)报审表

工程名称：　　　　　　　　　　　　　　　　　编号：

<table>
<tr><td colspan="2">
致：＿＿＿＿＿＿＿＿＿＿＿＿＿＿＿＿（监理单位）

　　我方已根据施工合同的有关规定完成了　　　　　　　　　　工程施工组织设计(方案)的编制，
并经我单位上级技术负责人审查批准，请予以审查。

　　附：施工组织设计(方案)

承包单位(章)＿＿＿＿＿＿＿
项目经理＿＿＿＿＿＿＿
日　期＿＿＿年＿＿月＿＿日
</td></tr>
<tr><td colspan="2">
专业监理工程师审查意见：

专业监理工程师＿＿＿＿＿＿
日　　　期＿＿＿年＿＿月＿＿日
</td></tr>
<tr><td colspan="2">
总监理工程师审核意见：

项目监理机构＿＿＿＿＿＿
总监理工程师＿＿＿＿＿＿
日　　　期＿＿＿年＿＿月＿＿日
</td></tr>
</table>

　　施工组织总设计和单位工程施工组织设计由施工单位项目部负责编制，经施工单位公司技术部审核，报施工单位公司总工审批。

　　施工方案由项目专业工程师编制，由项目技术负责人审核，由项目经理审批，涉及施工安全的施工方案必须经公司技术部审批。

　　有些分部(分项)工程，如主体结构为钢结构的大型建筑工程，其钢结构分部规模很大且在整个工程中占有重要的地位，其施工方案应按单位工程施工组织设计进行编制和审批。

三、施工组织设计的内容

　　施工组织设计应包括工程概况、编制依据、施工部署、施工进度计划、施工准备与资源配置计划、主要施工方法、施工现场平面布置及主要施工管理计划等基本内容。

1. 工程概况

工程概况应包括工程主要情况、各专业设计简介和工程施工条件等。

（1）工程主要情况应包括下列内容。

① 工程名称、性质和地理位置。

② 工程的建设、勘察、设计、监理和总承包等相关单位的情况。

③ 工程承包范围和分包工程范围。

④ 施工合同、招标文件或总承包单位对工程施工的重点要求。

⑤ 其他应说明的情况。

（2）各专业设计简介应包括下列内容。

① 建筑设计简介应依据建设单位提供的建筑设计文件进行描述，包括建筑规模、建筑功能、建筑特点、建筑耐火、防水及节能要求等，并应简单描述工程的主要装修做法。

② 结构设计简介应依据建设单位提供的结构设计文件进行描述，包括结构形式、地基基础形式、结构安全等级、抗震设防类别、主要结构构件类型及要求等。

③ 机电及设备安装专业设计简介应依据建设单位提供的各相关专业设计文件进行描述，包括给水、排水及采暖系统、通风与空调系统、电气系统、智能化系统、电梯等各个专业系统的做法要求。

（3）工程施工条件。

① 项目建设地点的气象状况。

② 项目施工区域的地形和工程水文地质状况。

③ 项目施工区域地上、地下管线及相邻的地上、地下建（构）筑物情况。

④ 与项目施工有关的道路、河流等状况。

⑤ 当地建筑材料、设备供应和交通运输等服务能力状况。

⑥ 当地供电、供水、供热和通信能力状况。

⑦ 其他与施工有关的主要因素。

2. 编制依据

施工组织设计的编制依据主要包括以下几点。

（1）与工程建设有关的法律、法规和文件。

（2）国家现行有关标准和技术经济指标。

（3）工程所在地区行政主管部门的批准文件，建设单位对施工的要求。

（4）工程施工合同或招标、投标文件。

（5）工程设计文件。

（6）工程施工范围内的现场条件、工程地质及水文地质、气象等自然条件。

（7）与工程有关的资源供应情况。

（8）施工企业的生产能力、机具设备状况、技术水平等。

3. 施工部署

施工部署主要包括以下几点。

（1）工程施工目标。

工程施工目标应根据施工合同、招标文件以及本单位对工程管理目标的要求确定，包括进度、质量、安全、环境和成本等目标。各项目标应满足施工组织总设计中确定的总体目标。

（2）进度安排和空间组织。

施工部署中的进度安排和空间组织应符合下列规定。

① 工程主要施工内容及其进度安排应明确说明，施工顺序应符合工序逻辑关系，对施工过程的里程碑节点进行说明。

② 施工流水段应结合工程具体情况分阶段进行划分,施工流水段划分应根据工程特点及工程量进行合理划分,并应说明划分依据及流水方向,确保均衡流水施工。

(3) 工程施工的重点和难点分析。

(4) 确定工程管理的组织机构形式,并确定项目经理部的工作岗位设置及其职责划分。项目管理的组织机构形式应根据施工项目的规模、复杂程度、专业特点、人员素质和地域范围来确定,大中型项目宜设置矩阵式项目管理组织,远离企业管理层的大中型项目宜设置事业部式项目管理组织,小型项目宜设置直线职能式项目管理组织。

(5) 对于工程施工中开发和使用的新技术、新工艺应进行部署,对新材料和新设备的使用应提出技术及管理要求。

(6) 对重要分包工程施工单位的选择要求及管理方式应进行简要说明。

4．施工进度计划

单位工程施工进度计划应按照施工部署的安排进行编制。施工进度计划是施工部署在时间上的体现,反映了施工顺序和各个阶段工程的进展情况,应均衡协调、科学安排。施工进度计划可采用网络图或横道图来表示,并附上必要的说明。对于一般工程使用横道图即可,对工程规模较大、工序比较复杂的工程宜采用网络图表示,通过对各类参数的计算,找出关键线路,选择最优方案。

施工进度计划编制的主要依据包括工程的全部施工图纸、规定的开竣工日期、施工图预算、劳动定额、主要施工过程的施工方案、劳动力安排,以及材料和施工机械的安排等。其编制步骤如下。

(1) 确定工程项目及计算工程量。

(2) 确定机械台班数量及劳动力数量。

(3) 确定各分部分项工程的劳动日。

(4) 编制进度计划表或绘制进度网络图。

(5) 编制劳动力、机械、材料等需要量计划表。

5．施工准备与资源配置计划

(1) 施工准备应包括技术准备、现场准备和资金准备等。

① 技术准备应包括施工所需技术资料的准备、施工方案编制计划、试验检验及设备调试工作计划、样板制作计划等。

② 现场准备应根据现场施工条件和工程实际需要,准备现场生产、生活等临时设施。

③ 资金准备应根据施工进度计划编制资金使用计划。

(2) 资源配置计划应包括劳动力配置计划和物资配置计划等。

① 劳动力配置计划应包括以下内容。

● 确定各施工阶段用工量。

● 根据施工进度计划确定各施工阶段劳动力配置计划。

② 物资配置计划应包括以下内容。

● 主要工程材料和设备的配置计划应根据施工进度计划确定,包括各施工阶段所需主要工程材料、设备的种类和数量等。

● 工程施工主要周转材料和施工机具的配置应根据施工部署和施工进度计划来确定,包括各施工阶段所需主要周转材料、施工机具的种类和数量等。

6．主要施工方案

施工方案是施工组织设计的核心,包括施工顺序、施工组织和主要分部分项工程的施工方法,以及施工流程图、测量校正工艺、螺栓连接工艺、焊接工艺等。对主要分部分项工程,如脚手架工程、起重吊装工程、临时用水用电工程、季节性施工等专项工程所采用的施工方案应进行必要的验算和说明。

7．施工现场平面布置

(1) 施工现场平面布置图应包括以下内容。

① 工程施工现场的场地状况。

② 拟建建(构)筑物的位置、轮廓尺寸、层数等。

③ 工程施工现场的加工设施、存储设施、办公和生活用房等的位置和面积。

④ 布置在工程施工现场的垂直运输设施、供电设施、供水供热设施、排水排污设施和临时施工道路等。

⑤ 施工现场必备的安全、消防、保卫和环境保护等设施。

⑥ 相邻的地上、地下既有建(构)筑物及相关环境。

(2) 施工总平面图的设计步骤。

① 根据施工现场的条件和吊装工艺,布置构件和起重机械。

② 合理布置施工材料和构件的堆场以及现场临时仓库。

③ 布置现场运输道路。

④ 根据劳动保护、保安、防火要求布置行政管理及生活用临时设施。

⑤ 布置用水、用电、用气管网。

⑥ 用合适比例尺绘制平面图。

8．主要施工管理计划

施工管理计划应包括进度管理计划、质量管理计划、安全管理计划、环境管理计划、成本管理计划以及其他管理计划等内容。施工管理计划在目前多作为管理和技术措施编制在施工组织设计中,这是施工组织设计必不可少的内容。施工管理计划涵盖很多方面的内容,可根据工程的具体情况加以取舍。在编制施工组织设计时,各项管理计划可单独成章,也可穿插在施工组织设计的相应章节中。

1) 进度管理计划

进度管理计划应包括以下内容。

(1) 对项目施工进度计划进行逐级分解,通过阶段性目标的实现来保证最终工期目标的完成。在施工活动中通常是通过对最基础的分部(分项)工程的施工进度的控制来保证各个单项(单位)工程或阶段工程进度控制目标的完成,进而实现项目施工进度控制的总体目标,因而需要将总体进度计划进行从总体到细部、从高层次到基础层次的分解,一直分解到在施工现场可以直接调度控制的分部(分项)工程或施工作业过程为止。

(2)建立施工进度管理的组织机构并明确职责,制定相应的管理制度。

(3)针对不同施工阶段的特点,制定进度管理的相应措施,包括施工组织措施、技术措施和合同措施等。

(4)建立施工进度动态管理机制,及时纠正施工过程中的进度偏差,并制定特殊情况下的赶工措施。

(5)根据项目周边的环境特点,制定相应的协调措施,减少外部因素对施工进度的影响。

2)质量管理计划

质量管理计划应包括以下内容。

(1)按照项目具体要求确定质量目标并进行目标分解,质量指标应具有可测量性。

(2)建立项目质量管理的组织机构并明确职责。

(3)制定符合项目特点的技术保障和资源保障措施,通过可靠的预防控制措施,保证质量目标的实现。这些措施包含但不局限于以下内容:原材料、构配件、机具的要求和检验,主要的施工工艺、主要的质量标准和检验方法,夏期、冬期和雨季施工的技术措施,关键过程、特殊过程、重点工序的质量保证措施,成品、半成品的保护措施,工作场所环境以及劳动力和资金保障措施等。

3)安全管理计划

安全管理计划可参照《职业健康安全管理体系规范》,在施工单位安全管理体系的框架内编制。目前大多数施工单位基于《职业健康安全管理体系规范》,通过了职业健康安全管理体系的认证,建立了企业内部的安全管理体系。安全管理计划应在企业安全管理体系的框架内,针对项目的实际情况编制。安全管理计划应包括以下内容。

(1)确定项目的重要危险源,制定项目职业健康安全管理目标。

(2)建立有管理层次的项目安全管理组织组织机构,并明确职责。

(3)根据项目特点,进行职业健康安全方面的资源配置。

(4)建立具有针对性的安全生产管理机制和职工安全教育培训制度。

(5)针对项目的重要危险源,制定相应的安全技术措施。对达到一定规模的危险性较大的分部(分项)工程和特殊工种的作业应制定专项安全技术措施的管理计划。

(6)根据季节、气候的变化,制定相应的季节性安全施工措施。

(7)建立现场安全检查制度,并对安全事故的处理进行相应的规定。

建筑施工安全事故(危害)通常分为七大类:高处坠落、机械伤害、物体打击、坍塌倒塌、火灾爆炸、触电、窒息中毒等。安全管理计划应针对项目的具体情况,建立安全管理组织,制定相应的管理目标、管理制度、管理控制措施和应急预案等。

4)环境管理计划

环境管理计划可参照《环境管理体系　要求及使用指南》(GB/T 24001—2004),在施工单位环境管理体系的框架内编制。施工现场的环境管理越来越受到建设单位和社会各界的重视,同时各地方政府也不断出台新的环境监管措施,环境管理计划已成为施工组织设计的重要组成部分。对于通过了环境管理体系认证的施工单位,环境管理计划应在企业环境管理体系的框架内,针对项目的实际情况来编制。环境管理计划应包括以下内容。

(1) 确定项目的重要环境因素,制定项目环境管理目标。

(2) 建立项目环境管理的组织机构并明确职责。

(3) 根据项目特点,进行环境保护方面的资源配置。

(4) 制定现场环境保护的控制措施。

(5) 建立现场环境检查制度,并对环境事故的处理进行相应规定。

5) 成本管理计划

成本管理计划应以项目施工预算和施工进度计划为依据来编制,成本管理计划应包括以下内容。

(1) 根据项目施工预算,制定项目施工成本目标。

(2) 根据施工进度计划,对项目施工成本目标进行阶段分解。

(3) 建立施工成本管理的组织机构并明确职责,制定相应的管理制度。

(4) 采取合理的技术、组织和合同等措施,控制施工成本。

(5) 确定科学的成本分析方法,制定必要的纠偏措施和风险控制措施。

6) 其他管理计划

其他管理计划宜包括绿色施工管理计划、防火保安管理计划、合同管理计划、组织协调管理计划、创优质工程管理计划、质量保修管理计划以及对施工现场的人力资源、施工机具、材料设备等生产要素的管理计划等。可根据项目的特点和复杂程度加以取舍。各项管理计划的内容应有目标、有组织机构、有资源配置、有管理制度和技术、组织措施等。

检查与评价

一、选择题

1. 钢材的设计强度是根据( )确定的。

A. 比例极限　　　　B. 弹性极限　　　　C. 屈服强度　　　　D. 极限强度

2. 钢材的抗拉强度 f_u 与屈服点 f_y 之比 f_u/f_y 反映的是钢材的( )。

A. 强度储备　　　　　　　　　　B. 弹塑性阶段的承载能力

C. 塑性变形能力　　　　　　　　D. 强化阶段的承载能力

3. Q235 钢按照质量等级分为 A、B、C、D 四级,由 A 到 D 表示质量由低到高,其分类依据是( )。

A. 冲击韧性　　　B. 冷弯试验　　　C. 化学成分　　　D. 伸长率

4. 钢号 Q345A 中的 345 表示钢材的( )。

A. f_p 值　　　　　B. f_u 值　　　　　C. f_y 值　　　　　D. f_{vy} 值

5. 钢材所含化学成分中,需严格控制含量的有害元素为( )。

A. 碳、锰　　　　B. 钒、锰　　　　C. 硫、氮、氧　　　D. 铁、硅

6. Q235 与 Q345 两种不同强度的钢材进行手工焊接时,焊条应采用( )。

A. E55 型　　　　B. E50 型　　　　C. E43 型　　　　D. H10MnSi

二、填空题

1. 我国在建筑钢结构中主要采用的钢材为碳素结构钢和_____结构钢。

2. 焊缝连接形式根据焊缝的截面形状,可分为_____和_____两种类型。

3. 型钢有热轧成型和_____成型两大类。

4. 高强度螺栓根据其螺栓材料性能的不同可分为两个等级：8.8 级和 10.9 级，其中 10.9 表示 _____。

5. 性能等级为 4.6 级和 4.8 级的 C 级普通螺栓连接，_____级的安全储备更大。

6. 根据施焊时焊工所持焊条与焊件之间的相互位置的不同，焊缝可分为平焊、立焊、横焊和仰焊四种方位，其中_____施焊的质量最易保证。

7. 钢号 Q345-B 表示 _____ 钢材。

8. 建筑钢材中应严格控制硫的含量，在 Q235 钢中不得超过 0.05%，在 Q345 钢中不得超过 0.045%，这是因为含硫量过大，在焊接时会引起钢材的_____。

9. 钢材的伸长率是衡量钢材_____性能的指标，是通过一次静力拉伸试验得到的。

10. _____ 是施工组织设计的核心。

三、简答题

1. 简述两种高强度螺栓的区别。

2. 简述施工组织设计的组成内容。

四、实训题

识读附录中单层厂房图纸，并编制工程量计算书。

单元 3

钢结构制作

单元描述

··

钢结构制作就是通过各种工序将设计图纸的内容加工成实物的过程,作为施工技术人员需要掌握这些工序的基本施工方法,能够结合实际工程情况选取合理的施工工艺,并且能够对每一步工序进行质量检验并填写验收记录。因此,本单元主要介绍钢结构制作的各个工序的施工顺序及方法,本单元的重点是每个工序的合格标准和检查方法。

因此,本单元的学习任务主要分为如下三部分:①钢结构制作前的准备工作;②钢结构制作工序及各工艺验收标准;③典型 H 型钢构件的制作工艺。

通过本单元的学习,应达成以下学习目标。

☆ 能力目标

(1)能选取合理的施工工艺。

(2)能进行每一步工序的质量检验并正确填写资料表格。

(3)能编制钢结构制作工艺。

☆ 知识目标

(1)熟悉钢结构制作的准备工作。

(2)掌握钢结构制作的工序流程。

(3)掌握每一步工序的施工方法及检验标准。

(4)掌握 H 型钢的制作工艺。

学习任务 1 钢结构的制作准备

任务书

施工企业应该针对一个特定的钢结构工程,成立一个项目经理部,实行项目经理责任制。项目经理部在开工前应完成一系列的准备工作,包括技术准备,人、材、机的准备,现场准备等。其中,技术准备包括施工图会审、编制工艺流程、技术交底以及各种评定试验;材料准备包括钢材、焊材、螺栓准备等。由于制作过程中涉及的工种和机械非常多,作为技术人员对于这些方面的工作应进行全面的了解,因此,本学习任务将从技术准备、人员准备、材料准备、机械准备以及现场准备等五个方面来进行阐述,使学习者能够掌握以下技能。

【能力目标】

(1)能进行图纸会审并做好记录。

(2)能进行钢结构的准备工作。

(3)能进行技术交底。

【知识目标】

(1)掌握图纸会审的流程。

(2)掌握钢材、焊材、螺栓的进场保管要求。

(3)熟悉钢结构制作工具。

(4)掌握技术交底的内容。

学习内容

一、技术准备

1. 图纸会审

在制作钢结构前,必须做好图纸会审的工作。参加图纸会审的人员应为甲方、设计方、监理方和施工技术人员等,施工企业技术部门应做好图纸会审记录并办理相关签证手续。图纸会审的一般程序为:

业主或者监理方主持人发言→设计方图纸交底→施工方、监理方代表提出问题→逐条研究→形成会审记录文件→签字盖章后生效。

2. 工艺准备

由于钢结构制作的工序较多,故应编制工艺流程表,通过合理安排工艺流程,从而避免或减少工件倒流。由于钢结构制作厂家设备能力不同以及构件要求各异,因而生产工艺略有不同。如图 3.1 所示为大流水生产作业下的钢结构制作的一般工艺流程示意图。

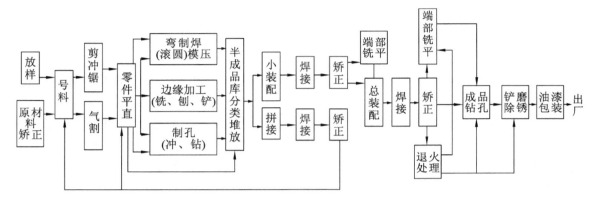

图 3.1 钢结构制作的一般工艺流程

3. 工艺试验

完成各种工艺评定试验及工艺性能试验。

4. 技术交底

在投入生产前,应做好各项工序的技术交底工作。技术交底按工程的实施阶段可分为如下两个层次。

(1)第一个层次是开工前的技术交底会,参加的人员主要有:工程图纸的设计单位,工程建设单位,工程监理单位及钢结构制作单位的有关部门和有关人员。技术交底的主要内容包括以下几点。

① 工程概况。

② 工程结构件的类型和数量。

③ 图纸中关键部位的说明和要求。

④ 设计图纸的节点情况介绍。

⑤ 对钢材、辅料的要求和原材料对接的质量要求。

⑥ 工程验收的技术标准说明。

⑦ 交货期限、交货方式的说明。

⑧ 构件包装和运输要求。

⑨ 涂层质量要求。

⑩ 其他需要说明的技术要求。

(2)第二个层次是在投料加工前进行的本工厂施工人员交底会,参加的人员主要有:钢结构制作单位的技术人员和质量负责人,技术部门和质检部门的技术人员、质检人员,生产部门的负责人、施工员及相关工序的代表人员等。此类技术交底的主要内容除上述几点外,还应增加工艺方案、工艺规程、施工要点,以及主要工序的控制方法、检查方法等与实际施工相关的内容。如表 3.1 所示为技术交底记录表格。

表 3.1 技术交底记录

工程名称		施工单位	××钢结构工程有限公司
交底提要:构件制作			
交底内容: (1)钢结构制作首先进行放样、下料和切割,在放样和下料时应根据工艺要求预留制作和安装时的焊缝收缩余量及切割、刨边和铣平等加工余量。气割前应将钢材切割区域表面的铁锈、污物等清除干净,气割后应清除熔渣和飞溅物。 (2)矫正后的钢材表面,不应有明显的凹面或损伤,划痕深度不得大于 0.5 mm。气割或机械剪切的零件,需要进行边缘加工时,其刨削量不应小于 2.0 mm。 (3)在制孔时,栓孔的精度及允许偏差应符合规范规定,当栓孔的允许偏差超过规范规定时,不得采用钢块填塞,可采用与母材材质相匹配的焊条补焊后重新制孔;在组装前,零部件应经检查合格,连接接触面和沿焊缝边缘每边 30～50 mm 范围内的铁锈、毛刺、污垢、冰雪等应清除干净,板材、型材的拼接,应在组装前进行;构件的组装应在部件组装、焊接矫正后进行,组装顺序应根据结构形式、焊接方法和焊接顺序等因素确定。采用夹具组装时,拆除夹具时不得损伤母材;对残留的焊疤应修磨平整,顶紧接触面应有 75% 以上的面积紧贴。 (4)在进行焊接时,施工单位对其首次采用的钢材、焊接材料、焊接方法、焊后热处理等进行焊接工艺评定,并应根据评定报告确定焊接工艺;焊接时,不得使用药皮脱落或焊芯生锈的焊条和受潮结块的焊剂及已熔烧过的焊壳。焊丝、焊钉在使用前应清除油污、铁锈;焊接时,焊工应遵守焊接工艺,不得自由施焊及在焊道外的母材上引弧,焊角转角处宜连续绕角施焊。焊角出现裂纹时,焊工不得擅自处理,应查清原因,确定修补工艺后方可处理。焊缝同一部位的翻修次数不宜超过两次。焊接完毕,焊工应清理焊缝表面的熔渣及两侧的飞溅物,检查焊缝外观质量,检查合格后应在工艺规定的焊缝及部位打上焊工钢印。 (5)采用砂轮打磨处理摩擦面时,打磨范围不应小于螺栓孔径的 4 倍,打磨方向应与构件受力方向垂直,经处理的摩擦面,出厂前应成批进行抗滑移系数试验,在运输过程中试件摩擦面不得损伤,处理好的摩擦面不得有飞边、毛刺、焊疤或污损等。 (6)钢结构在涂装前应进行除锈,涂装应均匀,无明显起皱、流挂,附着应良好,涂装完毕后,应在构件上标注构件的原编号,大型构件应标明质量、中心位置和定位标记。			
技术负责人		交底人	接受交底人

注:本记录一式两份,一份交接受交底人,一份存档。

二、材料准备

1. 钢材准备

1)备料

施工项目所需的主要材料和大宗材料应由企业物资部门订货或者市场采购,按计划供应给项目经理部。项目经理部应根据施工详图的材料清单计算出各种材质、规格的材料净用量,加上一定数量的损耗(一般按照10%)提出材料采购计划。若采购的个别钢材不能满足设计要求,而需要进行材料代用时,应由制造单位事先提出附有材料证明书的申请书(技术核定单),向甲方和监理报审后,经设计单位确认后方可代用。

2)入库

钢材进场经检验合格后方可办理入库手续,入库后,钢材端部应竖立标牌,标明钢材的规格、钢号、数量和材质验收证明书编号,钢材端部涂以不同颜色的油漆以表示钢号。

3)钢材的储存、堆放

合格入库的钢材应按品种、牌号、规格分类堆放。在最底层垫上道木或石块,防止底部进水使钢材锈蚀,如图3.2所示。

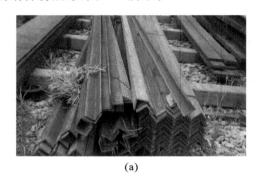
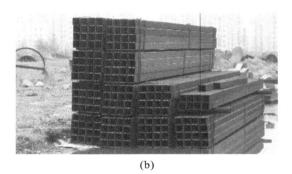

(a)   (b)

图3.2 钢材储存堆放示意图

钢材堆放时应注意以下几点。

(1)钢材可露天堆放,也可堆放在有顶棚的仓库里。露天堆放时,堆放场地要平整,并应高于周围地面,四周留有排水沟,雪后要易于清扫。堆放时要尽量使钢材截面的背面向上或向外,以免积雪积水;钢材两端应有高差,以利排水。堆放在有顶棚的仓库内时,可直接堆放在地坪上,下垫楞木。对于小件钢材也可堆放在架子上,堆与堆之间应留出通道。

(2)钢材的堆放要尽量减少钢材的变形和锈蚀,钢材堆放的方式既要节约用地,也要注意提取方便。钢材堆放时每隔5~6层放置楞木,其间距以不引起钢材的明显弯曲变形为宜。楞木要上下对齐,在同一垂直平面内。

(3)为增加堆放钢材的稳定性,可使钢材互相勾连或采取其他措施。这样,钢材的堆放高度可达到所堆宽度的两倍。否则,钢材堆放的高度不应大于其宽度。堆放时一般应一端对齐,在前面立标牌写清工程名称、钢号、规格、长度、数量等。

(4)考虑材料堆放时要便于搬运,在料堆之间应留有一定宽度的通道以便运输。

(5)选用钢材时要按顺序寻找,不准乱翻。

2. 焊材准备

焊接材料应集中管理,建立专用仓库,库内要保持干燥,通风良好。

1)保管

焊材进场验收合格后应进行妥善的保管,保管的好坏直接影响焊接质量,其具体要求如下。

进库焊材应按品种、规格、牌号、批号分类堆放,每垛在明显部位应悬挂管理标牌避免混淆。库存焊材应在卡片上注明焊材名称、规格、批号、数量、生产日期和入库日期等。

焊材储存库应保持适宜的温度和湿度,一般储存库的室内温度应维持在 5 ℃以上,相对湿度不应超过 60%。焊材保管必须做到防水、防潮、防锈,未发放焊材的原始包装不得任意拆除。

焊接材料应妥善保管于货架或平台上,货架或平台距离地面应不小于 300 mm,距离墙壁应不小于 300 mm。

焊材库保管员应熟知各种焊材的基本知识,每日检查一次室内干湿度并进行记录。定期查看所保管的焊材有无潮湿、污损、生锈现象,严禁不合格焊材出库用于生产。

2)烘干和保温

焊条、焊剂、焊丝在施焊前应按照工艺要求进行烘焙,放在 100~150℃保温箱中随用随取。

3．螺栓准备

高强度螺栓连接副应由制造厂按批配套供应,每个包装箱内都必须配套装有螺栓、螺母及垫圈,包装箱应能满足储运的要求,并具备防水、密封的功能。包装箱内应带有产品合格证书,包装箱外表面应注明批号、规格和数量。

在运输、保管及使用过程中应轻装轻卸,防止损伤螺纹,发现螺纹损伤严重或雨淋过的螺栓则不应使用。

螺栓连接副应成箱在室内仓库保管,地面应有防潮措施,并按批号、规格分类堆放,保管使用中不得混批。高强度螺栓连接副包装箱码放底层应架空,距地面高度应大于 300 mm,码高一般不大于 5~6 层。

螺栓连接副使用前尽可能不要开箱,以免破坏包装的密封性。开箱取出部分螺栓后也应重新包装好,以免沾染灰尘和造成螺栓锈蚀。

高强度螺栓连接副在安装使用时,工地应按当天计划使用的规格和数量领取,当天安装完毕后剩余的螺栓连接副也应妥善保管,有条件的话应送回仓库保管。

在安装过程中,应注意保护螺栓,不得沾染泥沙等脏物和碰伤螺纹。使用过程中若发生异常情况,应立即停止施工,经检查确认无误后再行施工。

高强度螺栓连接副的保管时间不应超过 6 个月。当由于停工、缓建等原因,造成保管周期超过 6 个月时,若再次使用螺栓连接副须按要求进行扭矩系数试验或紧固轴力试验,检验合格后方可使用。

三、机械准备

钢结构制作机械可以从企业自有机械设备调配,或者租赁、购买。钢结构制作常用的机械有以下几种。

1．加工设备

(1)切割设备,包括:剪板机、数控切割机、型钢切割机、型钢带锯机等。

(2)制孔设备,包括:冲孔机、钻床等。

(3)边缘加工设备,包括:刨床、钻铣床、端面铣床、风铲等。

(4)弯曲成型设备,包括:水平直弯机、立式压力机、卧式压力机等。

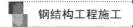

2. 焊接设备

焊接设备包括:直流焊机、交流焊机、二氧化碳焊机、埋弧焊机、焊条烘干箱等。

3. 涂装设备

涂装设备包括:电动空气压缩机、喷砂机、回收装置、喷漆枪、电动钢丝刷、铲刀、手动砂轮、纱布、油漆桶等。

4. 检测设备

检测设备包括:磁粉探伤仪、超声波探伤仪、焊缝检验尺、漆膜测厚仪、温湿度仪等。

5. 运输设备

运输设备包括:桥式起重机、门式起重机、塔式起重机、汽车起重机、运输汽车、运输火车等。

四、人员准备

项目经理部应根据钢结构作业特点和施工进度计划优化配置人力资源,制订劳动力需求计划,报企业劳动力管理部门批准,企业劳动力管理部门与劳务分包公司签订劳务分包合同。上岗操作人员应进行培训和考核,特殊工种应进行资格确认。

五、现场准备

项目经理部应做好施工现场管理工作,做到文明施工、安全有序、整洁卫生、不扰民、不损害公共利益,项目经理部应在施工现场主大门内侧醒目的位置设置工程概况牌、管理机构人员名单及监督电话牌、消防保卫牌、安全生产牌、文明施工牌和施工现场平面图、建筑工程鸟瞰图(即"五牌两图"),以及安全生产规章制度和操作规程的宣传栏以及重大危险源公示板。

学习任务 2 钢结构制作工艺

任务书

钢结构制作是将原材料加工成能够用于现场安装施工的构件的过程。这个过程需历经放样、号料、切割、组装、焊接等多种工序。其中,零件是组成部件或构件的最小单元,如节点板、翼缘板等;部件是由若干零件组成的单元,如焊接 H 型钢、牛腿等;构件是由零件或由零件和部件组成的钢结构基本单元,如梁、柱、支撑等。每一道工序都有不止一种方法,通过本任务的学习,学习者应该掌握每一种方法的适用范围并能按合格标准对每一道工序进行质量检验。

【能力目标】

（1）能进行钢结构制作的指导和检验。

（2）能进行钢结构制作各工序的协调和组织。

【知识目标】

（1）熟悉钢结构制作过程。

（2）掌握制作工序的合格标准。

学习内容

一、零部件加工

1. 放样

放样是指根据产品施工详图或零、部件图样要求的形状和尺寸，按 1∶1 的比例把产品或零、部件的实体画在放样台或平板上，求取实长并制成样板、样杆的过程。当零件、部件较大，难以制作样杆、样板时，可绘制下料图，对复杂的壳体零、部件，还需作图展开。有条件时应采用计算机辅助设计。

样板可采用厚度为 0.50～0.75 mm 的铁皮或塑料板制作。样杆一般用铁皮或扁铁制作，当长度较短时可用木尺杆。样杆、样板应注明工号、图号、零件号、数量及加工边、坡口部位、弯折线和弯折方向、孔径和滚圆半径等。样杆、样板应妥善保存，直至工程结束后方可销毁。

并不是所有的构件都需要放样，构件是否放样是由工程设计图纸的难易程度、图纸设计深度及钢结构厂的技术管理能力等因素决定的。放样这道工序目前在大多数厂家已被数控设备所取代，只有中小型厂家仍保留此道工序。

2. 号料

号料，也称为划线，是指根据样板在钢材上画出构件的实样，并打上各种加工记号，为钢材的切割下料作准备，如图 3.3 所示。

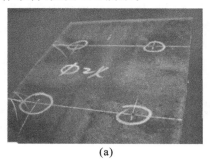
(a)

(b)

图 3.3　号料

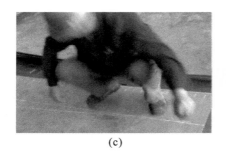
(c)

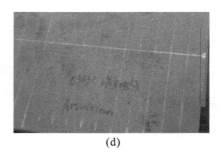
(d)

续图 3.3

号料的主要工作包括:检查核对材料,在材料上划出切割、铣、刨、弯曲、钻孔等加工位置,标出零件编号等。

号料的方法包括集中号料法、套料法、统计计算法、余料统一号料法等四种,具体介绍如下。

(1)集中号料法:是指将同等厚度的钢板零件和相同规格的型钢零件集中在一起的号料方法。这种号料方法可以减少原材料浪费,提高生产效率。

(2)套料法:是指将同厚度的各种不同形状的零件和同一形状的零件进行套料的方法。

(3)统计计算法:是型钢下料的一种方法,号料时应将所有同规格的型钢零件的长度归纳在一起,先将较长的排出来,再算出余料的长度,然后把与余料长度相同或略短的零件排上,直至整根料被充分利用为止。

(4)余料统一号料法:是指将号料后剩下的余料按厚度、规格基本相同的集中在一起,把较小的零件放在余料上进行号料的方法。

传统的号料采用手工方法,随着数控技术的应用,数控号料成为新的趋势,很多钢结构加工厂采用数控自动划线机,不仅效率高,而且精确、省料。

3. 切割

切割是指将放样和号料的零件形状从原材料上进行下料分离。常用的切割方法包括气割、等离子切割等高温热源的方法,以及使用剪切、切削、锯切等机械力的方法。

1)气割下料

气割下料利用氧气与可燃气体混合产生的预热火焰加热金属表面达到燃烧温度并使金属发生剧烈的氧化,放出大量的热促使下层金属也自行燃烧,同时通以高压氧气射流,将氧化物吹除而形成一条狭小而整齐的割缝,如图 3.4 所示。其既能切成直线,也能切成曲线,还可以直接切割出 V 形、X 形等形式的焊缝坡口,如图 3.5 所示。其中,氧气切割特别适用于厚钢板(≥25 mm)的切割工序。

氧气切割包括手动气割、半自动气割和自动气割等。其中,手动气割的割缝宽度为 4 mm,自动气割的割缝宽度为 3 mm。

气割法采用的设备灵活、费用低廉、精度高,能切割各种厚度的钢材,尤其是带曲线的零件或厚钢板,是目前使用较广泛的切割方法。

图 3.4　气割下料

图 3.5　数控多头直条切割

2）机械剪切下料

机械剪切下料主要通过冲剪、切削、摩擦等机械来实现,具体介绍如下。

(1)冲剪切割:当钢板厚度≤12 cm 时,采用剪板机、联合冲剪机切割钢材,其速度快、效率高,但切口略粗糙,如图 3.6 所示。

(2)切削切割:采用弓锯床、带锯机等设备来切削钢材,精度较好,如图 3.7 所示。

(3)摩擦切割:采用摩擦锯床、砂轮切割机等设备来切割钢材,其速度快,但切口不够光洁且噪声大。

图 3.6　液压联合冲剪机切割

图 3.7　锯床切割

3）等离子切割下料

等离子切割下料利用高温高速的等离子焰流将切口处的金属及其氧化物熔化并吹掉来完成切割,能切割任何金属,特别是熔点较高的不锈钢及有色金属(如铝、铜等),如图 3.8 和图 3.9 所示。

施工中采用哪一种切割方法比较合适,具体要结合切割能力,切割精度和切剖面的质量以及经济性等因素来确定。一般情况下,钢板厚度在 12 mm 以下的直线切割,常采用剪切下料,气割多数用于带曲线的零件或者厚钢板的切割;各类型钢以及钢管的下料常采用锯割,但一些中小型的角钢和圆钢常常也采用剪切和气割;等离子切割主要用于不易氧化的不锈钢及有色金属(如铜和铝等)的切割。

图 3.8　等离子切割机　　　　　　图 3.9　数控等离子切割机

4．边缘加工和端部加工

边缘的切割、焊接坡口、构件的自由边、孔的磨光加工等都属于边缘加工;构件端部支撑面铣平操作的加工属于端部加工。

1)基本概念

在钢结构加工中,当图纸中特别要求或对于下述部位一般需要采用边缘加工的方法。

(1)吊车梁翼缘板、支座支撑面等图纸有要求的加工面。

(2)焊接坡口。

(3)尺寸精度要求高的腹板、翼缘板、加劲板和有孔眼的节点板等。

2)边缘加工方法

边缘加工方法主要包括铲边、刨边、铣边、碳弧气刨、气割和坡口机加工等,分别介绍如下。

(1)铲边:包括手工铲边和机械铲边两种方法。手动铲边的工具有手锤和手铲,机械铲边的工具有风动铲锤和铲头等。风铲是利用高压空气作为动力的风动机具。其优点是设备简单,使用方便,成本低;缺点是噪声大,劳动强度高,加工质量差。

(2)刨边:使用的设备是刨边机,如图 3.10 所示。刨边加工有刨直边和刨斜边两种方式。一般的刨边加工余量为 2~4 mm,其光洁度比铣边的要差些。

图 3.10　自动刨边机　　　　　　　图 3.11　铣削加工

(3)铣边:使用的设备是铣边机,其优点是工效高,能耗少,如图 3.11 所示。

(4)碳弧气刨:使用的设备是气刨枪。其优点是效率高,无噪音,灵活方便。

(5)坡口加工:一般采用气体加工或机械加工,在特殊的情况下采用手动气体切割的方法,但必须进行事后处理,如打磨等。目前坡口加工专用机已开始普及,最近又出现了 H 型钢坡口及弧形坡口的专用机械,其优点是效率高、精度高。焊接质量与坡口加工的精度有直接关系,如果坡口表面粗糙有尖锐且深的缺口,就容易在焊接时产生不熔部位,将会在将来产生焊接裂缝。例如,在坡口表面黏附有油污,则焊接时就会产生气孔和裂缝,因此应重视坡口质量。

5. 矫正和成型

1) 矫正

钢材在存放、运输、吊运和加工成型过程中会发生变形,必须对不符合技术标准的钢材、零件、构件进行矫正。因此,矫正工作应该是贯穿于整个制作过程的。钢结构的矫正,是通过外力或加热作用迫使钢材反变形,使钢材或构件达到技术标准要求的平直或几何形状,主要有以下几种矫正方法。

(1)火焰矫正(热矫正)。

火焰矫正是利用火焰对钢材进行局部加热,被加热处理的金属由于膨胀受阻而产生压缩塑性变形,使较长的金属纤维冷却后缩短而完成的,如图 3.12 所示。火焰矫正加热的温度:对于低碳钢和普通低合金钢为 600~800 ℃。

(2)机械矫正(冷矫正)。

机械矫正是通过专用矫正机使弯曲的钢材在外力作用下产生过量的塑性变形,以达到平直的目的,如图 3.13 所示。常见的矫正机有拉伸机、压力机、多辊矫正机等。目前应用较广泛的还有多种规格的 H 型钢矫正机。

(3)手工矫正(冷矫正)。

手工矫正采用锤击的方法进行矫正,其操作简单灵活,如图 3.14 所示。由于矫正力小、劳动强度大、效率低而常用于矫正尺寸较小的钢材,或者用于矫正设备不便于使用的情况。

图 3.12　火焰矫正　　　图 3.13　机械矫正　　　图 3.14　手工矫正

2) 弯制成型

在钢结构制作中,弯制成型的加工方式主要包括钢板弯曲、型钢弯曲、折边、模具冲压等几种加工方式。弯制成型分为冷加工和热加工两种方法。其中,冷加工是在常温下进行加工制作,绝大多数冷加工是利用机械设备和专用工具进行的;热加工是将钢材加热到一定温度后进行加工的方法。

(1)钢板弯曲。

钢板弯曲是通过旋转辊轴对板料进行连续三点弯曲所形成的。钢板弯曲包括预弯、对中和卷曲三个过程,如图 3.15 所示。

图 3.15　钢板弯曲

① 预弯:钢板在卷板机上弯曲时,两端边缘总有卷不到的部分,即剩余直边,应通过预弯来消除剩余直边。

② 对中:为了防止钢板在卷板机上弯曲时发生歪扭,应将钢板对中,使钢板的纵向中心线与滚筒轴线保持严格的平行。

③ 卷曲:对中后,利用调节辊筒的位置使钢板发生初步的弯曲,然后来回滚动而卷曲。

(2)型钢弯曲。

因为型钢的截面中心线往往与力的作用线不在同一平面上,同时型钢不仅受弯曲力矩的作用还受扭矩的作用,所以型钢断面会发生畸变,其弯曲半径越小,则畸变越大。故应控制型钢的最小弯曲半径。

构件的曲率半径较大时,宜采用冷弯;构件的曲率半径较小时,宜采用热弯。型钢弯曲如图 3.16 所示。

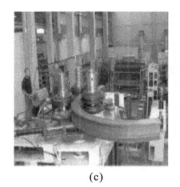

(a)　　　　　　　　　　(b)　　　　　　　　　　(c)

图 3.16　型钢弯曲

3)折边

将构件的边缘压弯成倾角或一定形状的操作过程称为折边。折边可提高构件的强度和刚度。弯曲折边常利用折边机进行。

6. 制孔

钢结构的连接节点多采用高强度螺栓,因此孔加工在钢结构制作中占有一定的比重,同时其在精度上的要求也越来越高。常用的制作方法有冲孔和钻孔两种,具体介绍如下。当然除了冲孔和钻孔外,还有扩孔、铰孔等制孔方法。

(1)冲孔:冲孔的常用设备为冲孔机。一般只能在较薄的钢板、型钢上冲孔,且孔径一般不小于钢材的厚度。冲孔的原理是剪切,在孔壁周围的钢材将产生冷作硬化现象,因此在工程中很少使用。在钢结构制作中,冲孔一般用于冲制非圆形孔及薄板孔,而圆孔多采用钻孔的方法。强力式液压冲孔机如图 3.17 所示。

(2)钻孔:钻孔的常用设备为钻床,可以对任意厚度的钢材进行钻孔。钻孔的原理是切削,因此孔壁损伤较小,质量较高。施工现场制孔时可用电钻、风钻等加工。钻孔机如图 3.18 所示。

（3）扩孔：是使用麻花钻或扩孔钻将工件上原有的孔全部或局部扩大。

（4）铰孔：是使用铰刀对粗加工的孔进行精加工。

图 3.17　强力式液压冲孔机

图 3.18　钻孔机

制孔时应注意参照以下规定。

（1）宜采用以下制孔方法。

① 使用多轴立式钻孔床或数控机床等制孔。

② 同类孔径较多时，采用模板制孔。

③ 小批量生产的孔，采用样板画线制孔。

④ 精度要求较高时，整体构件采用成品制孔。

（2）制孔过程中，孔壁应保持与构件表面垂直。

（3）孔周围的毛刺、飞边等，应使用砂轮等清除。

7. 零部件加工质量检验

零部件加工制作完成后，应按照《钢结构工程施工质量验收规范》（GB 50205—2001）进行质量检验，并应填写相应的质量验收记录（见表 3.2），经签字认可后方可进行下一步工序。

表 3.2　钢结构零件及部件加工分项工程检验批质量验收记录（Ⅰ）

工程名称			检验部位		监理（建设）单位验收意见
施工单位			项目经理		
执行企业标准名称及编号					
		施工质量验收规范规定		施工单位检查记录	
主控项目	1	钢材切割面或剪切面应无裂纹、夹渣、分层和大于 1 mm 的缺棱		钢材切割面应无裂纹、夹渣、分层和大于 1 mm 的缺棱	√
	2	碳素结构钢和低合金结构钢在加热矫正时，加热温度不应超过 900 ℃。低合金结构钢在加热矫正后应自然冷却。当零件采用热加工成型时，加热温度控制在 900～1 000 ℃；碳素结构钢和低合金结构钢在温度分别下降 700 ℃ 和 800 ℃ 之前，应结束加工；低合金结构钢应自然冷却		有相应的制作工艺及施工记录，成型矫正方法应符合规范要求	√

续表

工程名称				检验部位		
施工单位				项目经理		监理（建设）单位验收意见
执行企业标准名称及编号						
施工质量验收规范规定				施工单位检查记录		

		施工质量验收规范规定			施工单位检查记录	监理（建设）单位验收意见
主控项目	3	气割或机械剪切的零件需要进行边缘加工时，其刨削量不应小于 2.0 mm			刨削量 4～6 mm	√
	4	A,B 级螺栓孔（Ⅰ类孔）应具有 H12 的精度，孔壁表面粗糙度 Ra 不大于 12.5 μm，其孔径的允许偏差应符合规定			螺栓孔精度符合规范要求	√
		螺栓直径、螺栓孔直径/mm	10～18	18～30	30～50	
		螺栓直径允许偏差/mm	0.00，−0.18	0.00，−0.21	0.00，−0.25	
		螺栓孔直径允许偏差/mm	＋0.18，0.00	＋0.21，0.00	＋0.25，0.00	
	5	C 级螺栓孔（Ⅱ类孔），孔壁表面粗糙度 Ra 不应大于 25 μm，允许偏差应符合规定				
		直径	＋1.0，0.0			
		圆度	2.0			
		垂直度	0.03t，且不应大于 2.0			
一般项目	1	气割允许偏差/mm	零件宽度，长度	±3.0		
			切割面平面度	0.05t 且≤2.0		
			割纹深度	0.3		
			局部缺口深度	1.0		
		机械剪切允许偏差/mm	边缘缺棱	1.0		
			型钢端部垂直度	2.0		
			零件宽度，长度	±3.0		
	2	矫正后的钢材表面，不应有明显的凹面或损伤，划痕深度不得大于 0.5 mm，且不应大于该钢材厚度负允许偏差的 1/2			矫正后的钢材表面，无明显的凹面或损伤，划痕深度小于 0.01 mm	

续表

工程名称							检验部位			监理（建设）单位验收意见
施工单位							项目经理			
执行企业标准名称及编号										
施工质量验收规范规定							施工单位检查记录			

<table>
<tr><td rowspan="20">一般项目</td><td colspan="3">3</td><td colspan="4">冷矫正和冷弯曲的最小曲率半径和最大弯曲矢高应符合表7.3.4规定</td><td></td><td></td><td></td><td></td></tr>
<tr><td rowspan="7">4</td><td rowspan="7">钢材矫正后允许偏差 /mm</td><td rowspan="2">钢板的局部平面度</td><td>t≤14</td><td colspan="3">1.5</td><td></td><td></td><td></td><td></td></tr>
<tr><td>t＞14</td><td colspan="3">1.0</td><td></td><td></td><td></td><td></td></tr>
<tr><td colspan="2">型钢弯曲矢高</td><td colspan="3">1/1000且≤5.0</td><td></td><td></td><td></td><td></td></tr>
<tr><td colspan="2">角钢肢的垂直度</td><td colspan="3">b/100,双肢栓接角钢的角度≤90°</td><td colspan="4">双肢栓接角钢的角度 87°～89°</td></tr>
<tr><td colspan="2">槽钢翼缘对腹板的垂直度</td><td colspan="3">b/80</td><td></td><td></td><td></td><td></td></tr>
<tr><td colspan="2">工字钢,H型钢翼缘对腹板的垂直度</td><td colspan="3">b/100且≤2.0</td><td></td><td></td><td></td><td></td></tr>
<tr><td colspan="5"></td><td></td><td></td><td></td><td></td></tr>
<tr><td rowspan="5">5</td><td rowspan="5">边缘加工允许偏差 /mm</td><td colspan="2">零件宽度,长度</td><td colspan="3">±1.0</td><td></td><td></td><td></td><td></td></tr>
<tr><td colspan="2">加工边直线度</td><td colspan="3">1/3000且≤2.0</td><td></td><td></td><td></td><td></td></tr>
<tr><td colspan="2">相邻两边夹角</td><td colspan="3">±6′</td><td></td><td></td><td></td><td></td></tr>
<tr><td colspan="2">加工面垂直度</td><td colspan="3">0.025t,且≤0.5</td><td></td><td></td><td></td><td></td></tr>
<tr><td colspan="2">加工面表面粗糙度</td><td colspan="3">Ra50</td><td></td><td></td><td></td><td></td></tr>
<tr><td rowspan="4">6</td><td rowspan="4">螺栓孔孔距允许偏差 /mm</td><td rowspan="2">螺栓孔孔距</td><td>≤500</td><td>501～1200</td><td>1201～3000</td><td>＞3000</td><td colspan="4">501～1200</td></tr>
<tr><td colspan="4"></td><td></td><td></td><td></td><td></td></tr>
<tr><td>同一组内任意两孔间距离</td><td>±1.0</td><td>±1.5</td><td>—</td><td>—</td><td></td><td></td><td></td><td></td></tr>
<tr><td>相邻两组的端孔间距离</td><td>±1.5</td><td>±2.0</td><td>±2.5</td><td>±3.0</td><td></td><td></td><td></td><td></td></tr>
</table>

主控项目:全部合格;　　　　　　一般项目:符合要求;

施工单位检查评定结果	施工班组长: 专业施工员: 专职质检员: 　　　　年　月　日		监理（建设）单位验收评定结论	专业监理工程师: (建设单位项目专业技术负责人): 　　　　　　年　月　日

二、组装

组装也称为拼装、装配、组立,是指按照施工图的要求,把已加工完成的各零件或半成品构件,用装配的手段组合成为独立的成品的装配方法。根据钢结构构件的特性及组装程度的不同,组装可分为部件组装、组装和预总装等。

(1)部件组装是装配的最小单元的组合,它是将两个或两个以上零件按施工图的要求装配成为半成品的结构部件。

(2)组装是将零件或半成品按施工图的要求装配成为独立的成品构件。

(3)预总装是根据施工总图的要求将相关的两个以上成品构件,在工厂制作场地上,将各构件按空间位置组装起来。其目的是真实地反映出各构件装配节点,保证构件的安装质量。

1. 组装的一般规定

(1)组装前,施工人员必须熟悉构件施工图及相关的技术要求,并且应根据施工图要求复核其需组装零件的质量。

(2)由于原材料的尺寸不够或技术要求等原因造成某些零件需进行拼接,一般应在组装前拼接完成。

(3)在采用胎模装配时必须遵照以下规定。

① 选择的场地必须平整,并且还应具有足够的刚度。

② 布置装配胎模时必须根据其钢结构构件的特点考虑预放焊接收缩余量及其他各种加工余量。

③ 组装出首批构件后,必须由质量检查部门进行全面检查,经合格认可后方可进行继续组装。

④ 构件在组装过程中必须严格按工艺规定装配,当有隐蔽焊缝时,必须先行预施焊,并经检验合格后方可覆盖。当有复杂装配部件不易施焊时,亦可采用边装配边施焊的方法来完成其装配工作。

⑤ 为了减少变形和装配顺序,可采取先组装焊接成小件,并进行矫正的方法,尽可能地消除施焊产生的内应力,然后再将小件组装成整体构件。

⑥ 高层建筑钢结构构件和框架钢结构构件均应在工厂进行预拼装。

2. 组装方法

钢结构构件组装方法的选择,必须根据构件的结构特性和技术要求,结合制造厂的加工能力、机械设备等情况,选择能有效控制组装的精度、耗工少、效益高的方法进行。钢结构的组装方法见表3.3。

表 3.3　钢结构组装方法

名称	装配方法	适用范围
地样法	用1∶1的比例在装配平台上放置有构件实样。然后根据零件在实样上的位置,分别组装起来成为构件	桁架、构架等少批量结构组装
仿形复制装配法	先用地样法组装成单面(单片)的结构,并且必须定位点焊,然后翻身作为复制胎模,在其上装配另一单面的结构,反复几次完成组装。	横断面互为对称的桁架结构

续表

名称	装配方法	适用范围
立装	根据构件的特点,以及其零件的稳定位置,选择自上而下或自下而上的顺序进行装配	用于放置平稳、高度不大的结构或大直径圆筒
卧装	构件放置于平卧位置进行的装配	用于断面不大,但长度较大的细长构件
胎模装配法	把构件的零件用胎模定位在其装配位置上的组装方法	用于制造构件批量大、精度高的产品

3. 典型 H 型钢组装

H 型钢在钢结构工程中的应用非常广泛,其组装一般采取 H 型钢组立机和胎膜装配法。

1)H 型钢组立机

焊接 H 型钢的生产线的拼装点焊可使用专用的自动组立机,型钢夹紧、对中、定位点焊等过程均为自动控制,其速度快、效率高。H 型钢组立机如图 3.19 所示。

2)胎膜装配法

胎模装配法组装是用胎模把各零件固定于装配的位置上,使用焊接定位,使组装一次成形。其特点为装配质量高、工效快。该方法是目前制作大批构件组装中普遍采用的方法之一。

图 3.19　H 型钢组立机

(1)制作组装胎模的一般规定。

① 胎模必须根据施工图中构件的 1∶1 实样制造,其各零件定位靠模加工精度与构件精度符合或高于构件精度。

② 胎模必须是一个完整的、不变形的整体结构。

③ 胎模应在离地 800 mm 左右架设或是设置于方便人们操作的最佳位置。

(2)组装用的典型胎模。

① H 型钢水平组装胎模。

H 型钢水平组装胎模由工字钢平台横梁、侧向翼板定位靠板、翼缘板搁置牛腿、纵向腹板定位工字梁和翼缘板夹紧工具等组成的,如图 3.20 所示。

其工作原理是利用翼缘板与腹板本身的重力,使各零件分别放置在其工作位置上,然后用夹具夹紧一块翼缘板作为定位基准面,从另一个方向增加一个水平推力,亦可用铁楔或千斤顶等工具横向施加水平推力至翼腹板三板紧密接触,最后,用电焊定位三板翼缘点牢,H 型钢结构即组装完工。

其胎模特点:适用于大批量 H 钢结构组装;组装的 H 钢结构具有装配质量高、速度快等优点,但装配占用了较大的场地。

② H 型钢竖向组装胎模。

H 型钢竖向组装胎模结构由工字钢平台横梁、胎模角钢立柱、腹板定位靠模、上翼缘板定位限位和顶紧用的千斤顶等组成,如图 3.21 所示。

其工作原理是利用各定位限值使 H 型钢结构翼腹板初步到位,然后用千斤顶产生向上顶力,使腹翼板顶紧,最后用电焊定位组装 H 钢结构。

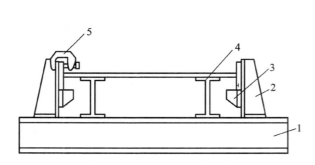

图 3.20 H 型水平组装胎模
1—工字钢平台横梁;2—侧向翼板定位靠板;3—翼缘板搁置牛腿;
4—纵向腹板定位工字梁;5—翼缘板夹紧工具

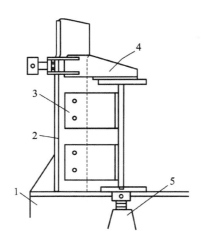

图 3.21 H 型竖向组装胎模
1—工字钢平台横梁;2—胎模角钢立柱;3—腹板定
位靠模;4—上翼缘板定位限位;5—顶紧用的千斤顶

其使用方法是将下翼缘放置在工字钢横梁上,吊上腹板,先将腹板与下翼缘组装定位点焊好,吊出胎模备用。在 I 字钢横梁上铺设好上翼缘板,然后把装配好⊥形结构翻为 T 形结构装在胎模上夹紧,用千斤顶顶紧上翼缘与腹板间隙,并且使用电焊定位,H 型钢结构即完成组装。

其胎模特点:其优点是占场地少、胎模结构简单,组装效率较高;其缺点是组装 H 型钢需二次成型,即先加工成为型钢结构,然后再组合成 H 型钢结构。

4. 组装的质量检验

H 型钢的质量检验包括焊接 H 钢、组装、端部铣平、外形尺寸等几个方面,组装完成后,需要按规范进行检验,填写质量验收记录(见表 3.4),检验合格后方可进入下一道工序。

表 3.4 钢构件组装工程检验批质量验收记录(I)

工程名称					检验部位		
施工单位					项目经理		监理(建设)
执行企业标准名称及编号							单位验收
施工质量验收规范规定					施工单位检查记录		意见
主控项目	1	吊车梁和吊车桁架不应下挠			吊车梁和吊车桁架无下挠		
	2	端部铣平的允许偏差/mm	两端铣平时构件长度	2.0			
			两端铣平时零件长度	±0.5			
			铣平面的平面度	0.3			
			铣平面对轴线的垂直度	L/1500			
	1	钢构件外形尺寸允许偏差/mm	单层柱、梁、桁架受力支托(支承面)表面至第一个安装孔距离	±1.0			
	2		多节柱铣平面至第一个安装孔距离	±1.0			
	3		实腹梁两端最外侧安装孔距离	±3.0			
			构件连接处的截面几何尺寸	±3.0			
			受压构件(杆件)弯曲矢高	L/1000 且≤10.0			
			柱、梁连接处的腹板中心线偏移	2.0			

钢结构制作

续表

工程名称				检验部位			监理(建设)单位验收意见
施工单位				项目经理			
执行企业标准名称及编号							
		施工质量验收规范规定		施工单位检查记录			
一般项目	1	焊接 H 型钢的翼板拼接缝和腹板拼接缝的间距应≥200 mm。翼缘板拼接长度应≥2 倍板宽,腹板拼接宽度应≥300 mm,长度应≥600 mm		翼板、腹板拼接缝间距 300～500 mm,拼缝长度 2000～4000 mm			
	2	顶紧接触面应有 75% 以上的面积紧贴		顶紧接触面有 80% 以上的面积紧贴			
	3	桁架结构杆件轴线交点错位的允许偏差≤3.0 mm					
	4	安装焊接缝坡口的允许偏差					
		坡口角度	±5°				
		钝边	±1.0mm				
	5	外露铣平面应防锈保护		外露铣平面涂油保护			
	6	焊接 H 型钢允许偏差 /mm	截面高度 h	$H<500$	±2.0			
				$500<h<1000$	±3.0			
				$H>1000$	±4.0			
			截面宽度 b	±3.0			
			腹板中心偏移 e	2.0			
			翼缘板垂直度	$b/100$ 且≤3.0			
			弯曲矢高(受压构件除外)	$L/100$ 且≤10.0			
			扭曲	$h/250$ 且≤5.0			
			腹板局部平面度 f	$t<14$	3.0			
				$t\geq14$	2.0			
	7	焊接连接制作组装允许偏差 /mm	对口错边 △	$t/10$ 且≤3.0			
			间隙 a	±1.0			
			搭接长度 a	±5.0			
			缝隙 △	1.5			
			高度 h	±2.0			
			垂直度	$b/100$ 且≤3.0			
			中心偏移 e	±2.0			
			型钢错位	连接处	1.0			
				其他处	2.0			
			箱形截面高度 h	±2.0			
			宽度 b				
			垂直度 △	$b/200$ 且≤3.0			

续表

工程名称					检验部位			
施工单位					项目经理			监理（建设）单位验收意见
执行企业标准名称及编号								
		施工质量验收规范规定			施工单位检查记录			

一般项目	8	钢桁架外形尺寸允许偏差/mm	桁架最外端两个孔或两端支承面最外侧距离	$L_0 \leq 24mm$	$+3.0,-7.0$			
				$L_0 > 24mm$	$+5.0,-10.0$			
			桁架跨中高度		± 10.0			
			桁架跨中拱度	设计要求起拱	$\pm L/5000$			
				设计未要求起拱	$10.0,-5.0$			
			相邻节间弦杆弯曲（受压除外）		$L_1/1000$			
			支承面到第一个安装孔距离 a		± 1.0			
			檩条连接支座间距		± 5.0			
	9	单层钢柱外形尺寸允许偏差/mm	柱底面到柱端与桁架连接的最上面一个安装孔距离 L		$\pm L/1500 \pm 15.0$			
			柱底面到牛腿支承面距离 L_1		$\pm L_1/2000 \pm 8.0$			
			牛腿的翘曲 $\triangle$		2.0			
			柱身弯曲矢高		$H/1200$ 且 ≤ 12.0			
			柱身扭曲	牛腿处	3.0			
				其他处	8.0			
			柱截面几何尺寸	连接处	± 3.0			
				非连接处	± 4.0			
			翼缘对腹板的垂直度	连接处	1.5			
				其他处	$b/100$ 且 ≤ 5.0			
			柱脚底板平面度		5.0			
			柱脚螺柱孔中心对柱轴线的距离		3.0			
	10	多节钢柱外形尺寸允许偏差/mm	一节柱高度 H		± 3.0			
			两端最外侧安装孔距离 L_3		± 2.0			
			铣平面到第一个安装孔距离		± 1.0			
			柱身弯曲矢高 f		$H/1500$ 且 ≤ 5.0			
			一节柱的柱身扭曲		$h/250$ 且 ≤ 5.0			
			牛腿端孔到柱轴线距离 L_2		± 3.0			
			牛腿的翘曲或扭曲 $\triangle$	$L_2 \leq 1000$	2.0			
				$L_2 > 1000$	3.0			
			柱截面尺寸	连接处	± 3.0			
				非连接处	± 4.0			
			柱脚底板平面度		5.0			
			翼缘板对腹板的垂直度	连接处	1.5			
				其他处	$b/100$ 且 ≤ 5.0			
			柱脚螺柱孔对柱轴线的距离		3.0			
			箱型截面连接处对角线差		3.0			
			箱型柱身板垂直度		$H(b)/150$ 且 ≤ 5.0			

续表

工程名称					检验部位				监理(建设) 单位验收 意见
施工单位					项目经理				
执行企业标准名称及编号									
		施工质量验收规范规定			施工单位检查记录				
一般项目	11	钢管构件外形尺寸允许偏差/mm	直径 d	$\pm d/500\pm5.0$					
			构件长度 L	±3.0					
			管口圆度	$d/500$ 且 $\leqslant5.0$					
			管面对管轴的垂直度	$d/500$ 且 $\leqslant3.0$					
			弯曲矢高	$L/1500$ 且 $\leqslant5.0$					
			对口错边	$t/10$ 且 $\leqslant3.0$					
	12	焊接实腹钢梁外形尺寸允许偏差/mm	梁长度 L	端部有凸缘支座板	$0,-5.0$				
				其他形式	$\pm L/2500,\pm10.0$				
			端部高度 h	$h\leqslant2000$	±2.0				
				$h>2000$	±3.0				
			拱度	设计要求起拱	$\pm L/5000$				
				设计未要求起拱	$10.0,-5.0$				
			侧弯矢高	$L/2000$ 且 $\leqslant10.0$					
			扭曲	$h/250$ 且 $\leqslant10.0$					
			腹板局部平面度	$t\leqslant14$	5.0				
				$t>14$	4.0				
			翼缘板对腹板的垂直度	$b/100$,且 $\leqslant3.0$					
			吊车梁上翼缘与轨道接触面平面度	1.0					
			箱型截面对面线差	5.0					
			箱型截面两腹板至翼缘板中心线距离 a	连接处	1.0				
				其他处	1.5				
			梁端板的平面度(只允许凹进)	$h/500$,且 $\leqslant2.0$					
			梁端板与腹板的垂直度	$h/500$,且 $\leqslant2.0$					
	13	墙架、檩条、支撑尺寸允许偏差/mm	构件长度 L	±4.0					
			构件两端最外侧安装孔距离 L_1	±3.0					
			构件弯曲矢高	$L/1000$ 且 $\leqslant10.0$					
			截面尺寸	$+5.0,-2.0$					

续表

		施工质量验收规范规定		施工单位检查记录	监理(建设)单位验收意见
		工程名称		检验部位	
		施工单位		项目经理	
		执行企业标准名称及编号			

		施工质量验收规范规定		施工单位检查记录	
一般项目	14	钢平台、钢梯、防护钢栏杆外形尺寸允许偏差/mm	平台长度和宽度	±5.0	
			平台两对角线差	6.0	
			平台支柱高度	±3.0	
			平台支柱弯曲矢高	5.0	
			平台表面平面度(1 m范围内)	6.0	
			梯梁长度 L	±5.0	
			钢梯宽度 b	±5.0	
			钢梯安装孔距离 a	±3.0	
			钢梯纵向挠曲矢高	$L/1000$	
			踏步(棍)间距	±5.0	
			栏杆高度	±5.0	
			栏杆立柱间距	±10.0	

施工单位检查评定结果	主控项目: 一般项目:		监理(建设)单位验收评定结论	
	施工班组长: 专业施工员: 专职质检员: 年 月 日			专业监理工程师: (建设单位项目专业技术负责人): 年 月 日

三、焊接

构件组装完毕并经检验合格后,需进行焊接施工。焊接是钢结构零件及部件加工制作中非常重要的工序,焊接是在被连接的金属件之间的缝隙区域,通过高温使被连接金属与填充金属熔融结合,冷却后形成牢固连接的工艺过程,填充金属带称为焊缝。

1.焊接的基本要求

(1)施工单位对首次采用的钢材、焊接材料、焊接方法、焊后热处理等,应按国家现行的《钢结构焊接规范》(GB 50661—2011)和《承压设备焊接工艺评定》(NB/T 47014—2011)的规定进行焊接工艺评定,并确定焊接工艺,从而保证焊接接头的力学性能达到设计要求。

(2)焊工要经过考试并取得合格证后方可从事焊接工作,焊工应遵守焊接工艺,不得自由施焊及在焊道外的母材上引弧。

（3）所使用的焊丝、焊条、焊钉、焊剂应符合规范要求。

2. 焊接方法

焊接的分类方法很多，若按焊接过程中金属所处状态的不同，可将焊接方法分为熔焊、压焊和钎焊三大类。其中，每一类又包含许多焊接方法，在钢结构制作和安装过程中，以药皮焊条手工电弧焊、自动埋弧焊、半自动与自动 CO_2 气体保护焊为主。

1）手工电弧焊

手工电弧焊又称为焊条电弧焊，是最常用的熔化焊接方法，它是利用电弧产生的高温、高热进行焊接的，如图 3.22 所示的是手工电弧焊示意图。

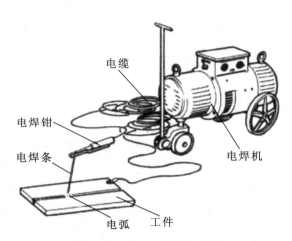

图 3.22　手工电弧焊原理图

图 3.23　手工电弧焊焊接图

（1）手工电弧焊的特点如下。

① 设备简单。

② 操作灵活方便。

③ 能进行全位置焊接，适合焊接多种材料，特别适用于工地安装焊缝、短焊缝和曲折焊缝的焊接。

④ 不足之处是生产效率低、劳动强度大、焊接质量依赖性大。

（2）手工电弧焊所用的设备机具。

① 手工电弧焊的主要设备是电焊机，手工电弧焊时所用的电焊机实际上就是一种弧焊电源，按产生电流种类不同，这种电焊机可分为交流焊机和直流焊机两种。

② 焊接电缆：它是焊接专用电缆线，用紫铜制成，要求有一定的截面积，具有良好的导电性、绝缘性和柔软性，其作用是传导电流。

③ 焊钳：它的作用是夹持焊条和传导电流。

④ 面罩：它的作用是保护眼睛和面部，以免受到弧光的灼伤。

⑤ 刨锤：用于清掉覆盖在焊缝上的焊渣。

2）自动或半自动埋弧焊

埋弧焊是电弧在焊剂下燃烧以进行焊接的熔焊方法，其原理图如图 3.24 所示。按自动化程度的不同，埋弧焊可以分为自动焊和半自动焊两种。二者的区别是：前者焊丝的送进和电弧的相对移动都是自动的;而后者仅焊丝送进是自动的,其电弧移动是手动的。由于自动焊的应用远比半自动焊广泛,因此,通常所说的埋弧焊一般指的是自动埋弧焊。常见埋弧焊机构造示意图如图3.25所示。

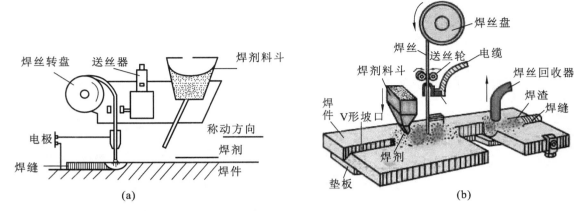

图 3.24 埋弧焊原理图

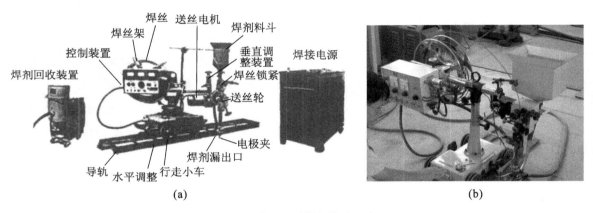

图 3.25 常见埋弧焊机构造示意图

埋弧焊的特点如下。

(1)焊接生产效率高。埋弧焊所用的焊接电流可达到1000 A以上,因而电弧的熔深能力和焊丝的熔敷效率都比较大。

(2)焊接质量好。一方面由于埋弧焊的焊接参数通过电弧自动调节系统的调节能够保持稳定,对焊工操作技术要求不高,因而焊缝成形好、成分稳定;另一方面也与采用熔渣进行保护,隔离空气的效果好有关。

(3)焊接成本低。对于20～25 mm厚以下的焊件可以不开坡口焊接,这既可节省由于加工坡口而损失的金属,也可使焊缝中焊丝的填充量大大减少。同时,由于焊剂的保护,金属的烧损和飞溅也大大减少。由于埋弧焊的电弧热量能得到充分的利用,单位长度焊缝上所消耗的电能也大大降低。

(4)劳动条件好。埋弧自动焊时,没有刺眼的弧光,也不需要焊工手工操作。这样既能改善作业环境,也能减轻劳动强度。

(5)焊接适用的位置受到限制。由于采用颗粒状的焊剂进行焊接,因此一般只适用于平焊位置(俯位)的焊接,对于其他位置,则需要采用特殊的装置以保证焊剂对焊缝区的覆盖。

(6)焊接厚度受到限制。当埋弧焊的焊接电流小于100 A时,电弧的稳定性通常变差,故埋弧焊不适用于焊接厚度小于1 mm以下的薄板。

埋弧焊广泛应用于锅炉、压力容器、船舶、桥梁、起重机械、工程机械、冶金机械以及海洋结构、核电设备等的制造,特别是当用于中厚板、长焊缝的焊接时具有明显的优越性。

3) CO_2气体保护焊

CO_2气体保护焊是用CO_2作为保护气体,依靠焊丝与焊件间产生的电弧来熔化金属的一种气体保护焊方法,简称CO_2焊。CO_2气体保护焊的焊接方法是使用被绕成线圈状的焊丝来取代焊条,此焊丝经过送丝轮通过送丝管送至焊枪头部,经导电嘴导电,在CO_2气体中,与母材之间产生电弧,靠电弧热量进行焊接,所用的焊丝材料是由可提高焊接性能的特殊元素构成的。CO_2气体保护焊示意图如图3.26所示。

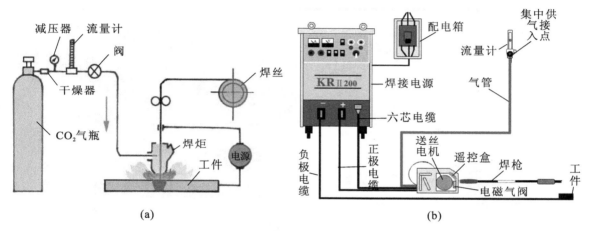

图3.26 CO_2气体保护焊示意图

(1)CO_2气体保护焊的特点。

① 焊接生产率高。CO_2气体保护焊的电弧集中,熔透能力强,熔敷速度快,并且焊后无需进行清渣处理,因此生产效率高,焊接成本低。

② CO_2气体来源广,价格便宜,而且电能消耗少,故使焊接成本降低。通常CO_2气体保护焊的成本只有焊条电弧焊的40%~50%。

③ 焊接变形小。由于电弧加热集中,焊件受热面积小,同时CO_2气流有较强的冷却作用,所以焊接变形小,特别适用于薄板焊接。

④ 焊接质量较高。CO_2气体保护焊抗锈能力强,对油污不敏感,焊缝含氢量低,抗裂性能好。

⑤ 适用范围广。可实现全位置焊接,并且适用于薄板、中厚板甚至厚板的焊接。

⑥ 操作简便。焊后不需清渣,并且是明弧,便于监控,有利于实现机械化和自动化焊接。

⑦ 飞溅率较大,并且焊缝表面成形较差。金属飞溅是CO_2气体保护焊中较为突出的问题,这是其主要缺点。

⑧ 抗风能力差,给室外作业带来一定困难。

⑨ 不能焊接容易氧化的有色金属。

⑩ 劳动条件较差,CO_2气体保护焊弧光强度及紫外线强度分别为手工电弧焊的2~3倍和20~40倍,而且操作环境中CO_2的含量较大,对工人的健康不利。

（2）CO_2 气体保护焊的设备。

CO_2 气体保护焊由焊机、送丝机、焊枪、供气系统和控制系统等五部分组成,如图 3.27 所示,分别介绍如下。

① 焊机(电源)使用具有恒压特性的直流焊接电源,其容量各异,有适用于薄板的 160～180 A 型,用于厚板、中板的 250 A 型、350 A 型,以及用于厚板的 500 A 型。

② 送丝机是向焊枪输送焊丝的装置,一般是边移动边焊接,搬运方便。

③ 焊枪是用于将送丝机送出的焊丝引导到焊接部位,通过导电嘴将电流传给焊丝,同时也将 CO_2 气体引导到焊枪前端部位,从喷嘴喷出。

④ 供气系统的作用是将保存在钢瓶中的液态 CO_2 气体在需要使用时变成有一定流量的气态 CO_2,由焊枪喷嘴喷出。供气系统主要由气瓶、干燥器、预热器、减压器和流量计等组成。

⑤ 控制系统的作用是对供气、送丝和供电等过程进行控制。

使用 CO_2 气体保护焊施焊的实物图如图 3.28 所示。

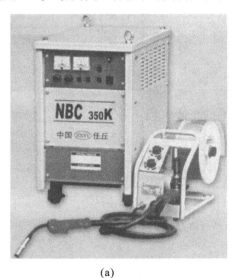

(a)　　　　　　　　　　　　　　　(b)

图 3.27　CO_2 焊机、推丝式送丝机、焊枪、供气系统

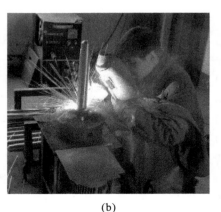

(a)　　　　　　　　　　　　　　　(b)

图 3.28　施焊实物图(CO_2 气体保护焊)

3．施焊位置

施焊位置包括平焊、立焊、横焊和仰焊等四种。平焊易操作，劳动条件好，生产率高，焊缝质量易保证。立焊、横焊和仰焊时施焊困难，应尽量避免。施焊位置如图 3.29 所示。

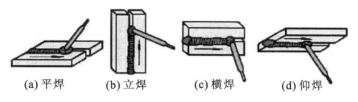

(a) 平焊   (b) 立焊   (c) 横焊   (d) 仰焊

图 3.29   施焊位置

4．焊接质量

国家标准《金属熔化焊接头缺欠分类及说明》(GB/T 6417.1—2005)将金属熔化焊接头的缺陷分为裂纹、孔穴、固体夹杂、未熔合和未焊透、形状缺陷(如咬边、焊瘤、烧穿和下塌、错边和角变形、焊缝尺寸不符合要求等)和其他缺陷(如打磨过量等)等六大类，如图 3.30 所示为常见的缺陷示意图。

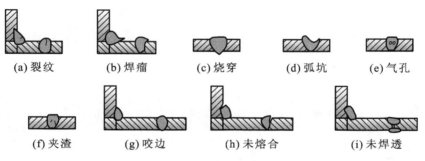

(a) 裂纹   (b) 焊瘤   (c) 烧穿   (d) 弧坑   (e) 气孔

(f) 夹渣   (g) 咬边   (h) 未熔合   (i) 未焊透

图 3.30   焊接缺陷示意图

(1) 裂纹：焊接过程中或焊接以后，在焊接接头区域内所出现的金属局部破裂的情况称为裂纹。裂纹可能产生在焊缝上，也可能产生在焊缝两侧的热影响区。

(2) 焊瘤：熔化金属流到溶池边缘未溶化的工件上，堆积形成焊瘤，它与工件没有熔合。

(3) 烧穿：是指部分熔化金属从焊缝反面漏出，甚至烧穿成洞。

(4) 气孔：焊缝金属在高温时，吸收了过多的气体(如 H_2)或由于溶池内部冶金反应产生的气体(如 CO)，在溶池冷却凝固时来不及排出，在焊缝内部或表面形成孔穴，即为气孔。

(5) 夹渣：焊缝中夹有非金属熔渣，即称为夹渣。

(6) 咬边：在工件上沿焊缝边缘所形成的凹陷称为咬边。

(7) 未熔合：熔焊时，焊道与母材之间或焊道与焊道之间，未能完全熔化结合的部位。

(8) 未焊透：是指工件与焊缝金属或焊缝层间局部未熔合的一种缺陷。

5．焊缝质量等级及焊接质量检查

焊缝按照检验方法和质量要求的不同分为一级、二级和三级。其中，三级焊缝只需要对全部焊缝做外观检查且符合三级质量标准即可，一、二级焊缝除外观检查外，还要求一定数量的无

损检验并符合相应级别的质量标准。焊接完成后按照规范要求进行检验并做好记录,见表3.5。

外观检查是采用肉眼或5~10倍放大镜检查焊缝表面质量,主要检查焊缝成形、有无咬边、夹渣、气孔、裂纹等表面缺陷以及是否圆滑过渡等问题。其中,焊缝尺寸用焊缝检验尺检查,如图3.31所示,而对于未熔合、未焊透、夹渣、内部气孔和裂纹等问题则属于内部缺陷,必须通过无损检测来检查。

无损检测主要包括涡流检测、渗透检测、磁粉检测、射线检测和超声波检测等五大常规方法,常用的方法有射线检测和超声波检测,射线检测包括X射线或γ射线照相检测,所用工具为X射线机或γ射线机,以及胶片、增感屏、像质计等,其检测结果直观、资料易保存但是费用较高、检测范围有限、操作人员需要防护;而超声波检测则采用超声波探伤仪进行检测,费用低而且无害,但是焊缝缺陷显示不直观,难以辨别。超声波检测如图3.32和图3.33所示。

图3.31 焊缝检测尺

图3.32 超声波检测

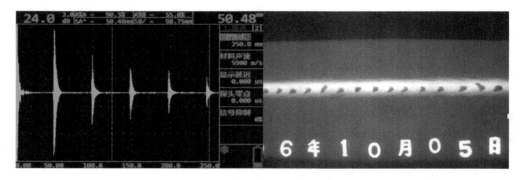

图3.33 超声波检测结果和射线探伤结果

表3.5 钢结构焊接工程检验批质量验收记录(Ⅰ)

工程名称			检验部位		监理(建设)单位验收意见
施工单位			项目经理		
执行企业标准名称及编号					
	施工质量验收规范规定			施工单位检查记录	
主控项目	1	焊条、焊丝、焊剂、电渣焊熔嘴等焊材与母材的匹配应符合国家标准GB 50661—2011的规定,焊接材料按产品说明书及焊接工艺文件的规定进行烘焙、存放		×××焊材与母材相互匹配,并按要求烘焙存放,见烘焙记录×××	

钢结构制作

		工程名称				检验部位		
		施工单位				项目经理		监理(建设)
		执行企业标准名称及编号						单位验收
		施工质量验收规范规定				施工单位检查记录		意见
主控项目	2	焊工必须考试合格并取得合格证书。持证焊工必须在其考试合格项目及其认可的范围内施焊				××名焊工有焊工证,证号×××		
	3	施工单位对首次采用的钢材、焊接材料、焊接方法,焊后热处理等应进行焊接工艺评定,并应根据评定报告确定焊接工艺				×××为首次采用、有焊接工艺评定报告(编号×××)		
	4	设计要求全焊透的一、二级焊缝应采用超声波检测进行内部缺陷检验,不能对缺陷作出判断时应采用射线检测		焊缝等级		见超声波检测报告,编号×××,达到二级焊缝,符合设计要求		
				二级				
	5	项目	焊脚尺寸	焊脚尺寸允许偏差/mm				
		T形、十字形、角接接头要求熔透的对接和角对接组合焊缝	$\geqslant t/4$	0~4 mm				
		设计有疲劳验算要求的吊车梁或类似构件的腹板与上翼缘连接焊缝	$t/2$ 且≤10 mm	0~4 mm				
	8	焊缝表面不得有裂纹、焊瘤等缺陷。一、二级焊缝不得有表面气孔、夹渣、弧坑裂纹、电弧擦伤等缺陷。并且一级焊缝不得有咬边、未焊满、根部收缩等缺陷				焊缝表面无裂纹、气孔、夹渣、焊瘤等缺陷		
一般项目	1	需要进行焊前预热或焊后热处理的焊缝,其预热或后热温度应符合国家现行标准的规定或通过工艺试验确定。预热区在焊道两侧,每侧宽度均应大于焊件厚度的1.5倍,且不小于100 mm;后热处理应在焊后立即进行,保温时间应根据板厚按每25 mm板厚1 h来确定				×××有预热的施工记录,预热区在焊道两侧,每侧宽度200 mm		
	2	焊缝为凹形的角焊缝时,焊缝金属与母材间应平缓过渡;加工成凹形的角焊缝时,不得在其表面留下切痕				焊缝金属与母材间平缓过渡		
	3	焊缝感观应达到:外形均匀、成型好,焊道与焊道、焊道与基础金属间过渡平滑,焊渣和飞溅物基本清除干净				焊缝外形均匀、成型好,焊道与基本金属间过渡平滑,焊渣和飞溅物已清除干净		
	4	二、三级焊缝外观质量标准应符合规范规定、三级对接焊缝应按二级焊缝标准进行外观质量检验				焊缝外观符合二级焊缝标准		

工程名称				检验部位		监理（建设）
施工单位				项目经理		单位验收
执行企业标准名称及编号						意见

		施工质量验收规范规定			施工单位检查记录				
一般项目	5	缺陷类型	二级允许偏差/mm	三级允许偏差/mm	二级焊缝				
		未焊满（指不满足设计要求）	$\leq0.2+0.02t$ 且 ≤1.0	$\leq0.2+0.04t$ 且 ≤2.0					
			每100.0焊缝内缺陷总长≤25.0						
		根部收缩	$\leq0.2+0.02t$ 且 ≤1.0	$\leq0.2+0.04t$ 且 ≤2.0					
			长度不限						
		咬边	$\leq0.05t$ 且 ≤0.5,连续长度≤100.0且焊缝两侧咬边总长$\leq10\%$焊缝全长	$\leq0.1t$ 且 ≤1.0,长度不限					
		弧坑裂纹	—	允许个别长度≤5.0弧坑裂纹	三处 3～4.5 弧坑裂纹				
		电弧擦伤	—	允许存在个别擦伤	五处电弧擦伤				
		接头不良	缺口深度0.05t且≤0.5	缺口深度0.1t且≤1.0					
			每1000.0焊缝不应超过1处						
		表面夹渣	—	深$\leq0.2t$,长$\leq0.5t$且≤20.0					
		表面气孔	—	每50允许直径$\leq0.4t$,且≤3.0的气孔2个,孔距≥6倍孔径					
	6	对接及完全熔透组合焊缝尺寸允许值/mm							
		对接焊缝余高c	一、二级	$B<20,c$ 为 0～3.0	三级	$B\geq20,c$ 为 0～4.0			
				$B\geq20,c$ 为 0～4.0		$B\geq20,c$ 为 0～5.0			
		对焊焊缝错边d	$d<0.15t$,且≤2.0	$d<0.15t$,且≤3.0					
		部分焊透组合焊缝和角焊缝外形尺寸允许偏差/mm							
		焊脚尺寸h_f	$h_f\leq6.0,0\sim1.5$	$h_f\leq6.0,0\sim3.0$					
		角焊缝余高c	$h_f\leq6.0,0\sim1.5$	$h_f\leq6.0,0\sim3.0$					

主控项目：　　　　　　　　一般项目：

施工单位检查评定结果	施工班组长： 专业施工员： 专职质检员： 　　　　　　年　月　日	监理（建设）单位验收评定结论	专业监理工程师： （建设单位项目专业技术负责人）： 　　　　　　年　月　日

四、涂装

为了克服钢结构易腐蚀及防火性能差的缺点,在钢结构构件表面应进行涂装保护,以延长钢结构的使用寿命和增强安全性能,钢结构的涂装可分为防腐涂装和防火涂装两类。

钢结构涂装工程可按钢结构制作或钢结构安装工程检验批的划分原则划分成一个或若干个检验批。钢结构防腐涂料涂装工程应在钢结构构件组装、预拼装或钢结构安装工程检验批的施工质量验收合格后进行。钢结构防火涂料涂装工程应在钢结构安装工程检验批和钢结构防腐涂料涂装检验批的施工质量验收合格后进行。

涂装时的环境温度和相对湿度应符合涂料产品说明书的要求,当产品说明书无要求时,环境温度宜在 5～38℃ 之间,相对湿度不应大于 85%。涂装时构件表面不应有结露,涂装后 4 h 内应保护其免受雨淋。

1. 防腐涂装

防腐涂装的工艺流程一般为:基面处理→表面除锈→底漆涂装→面漆涂装→检查验收。

1) 基面处理

钢材在轧制过程中,经热处理后表面产生一层均匀的氧化层;在钢结构制作前,钢材会因为大气的腐蚀而生锈,并且在制作、运输、存储过程中会产生焊渣、毛刺、油污、灰尘等污染物,这些污染物如果没有处理好,会影响涂料的附着力和涂装的使用寿命。因此,在进行钢材表面除锈前要清理此类污染物。常用的清除污染物的方法有:有机溶剂清洗、化学除油法、电化学除油法、乳化除油法、超声波除油法等。

2) 钢材除锈

钢材表面的除锈处理根据使用方法的不同,可以分为手动和动力工具除锈、喷射或抛射除锈、酸洗除锈、火焰除锈等几种,常用的为抛丸除锈和喷砂除锈。下面分别进行介绍。

(1) 喷射或抛射除锈。

① 抛丸除锈:利用抛丸机的高速运转把一定粒度的钢丸靠抛头的离心力抛出,被抛出的钢丸与构件猛烈碰撞从而达到祛除钢材表面锈蚀的目的的一种方法。该方法使用的钢丸品种有:铸铁丸和钢丝切丸两种。铸铁丸是利用熔化的铁水在喷射并急速冷却的情况下形成的粒度在2～3 mm 铁丸,表面很光滑,其成本相对较低但耐用性稍差。在抛丸过程中经反复的撞击,铁丸被粉碎而当成粉尘排除。钢丝切丸是将废旧钢丝绳的钢丝切成 2 mm 的小段而成,其表面带有尖角,除锈效果相对较好且不易破碎,使用寿命较长,但价格略贵。后者的抛丸表面更粗糙一些。

② 喷砂除锈:利用高压空气带出石英砂喷射到构件表面达到除锈目的的一种除锈方法。石英砂的来源包括河砂、海砂及人造砂等。喷砂除锈的特点有:砂的成本低且来源广泛,但其环境污染大;除锈完全靠人工操作,除锈后的构件表面粗糙度小,不易达到摩擦系数的要求;海砂在使用前应除去其盐分。

抛丸除锈和喷砂除锈如图 3.34 所示。

(2) 酸洗除锈。

酸洗除锈亦称化学除锈,其原理是利用酸洗液中的酸与金属氧化物进行化学反应,使金属氧化物溶解,从而除去钢材表面的锈蚀和污染物。但酸洗不能够达到抛丸或喷丸的表面粗糙度效果。并且在酸洗除锈后一定要用大量清水清洗并进行钝化处理;它所形成的大量废水、废酸

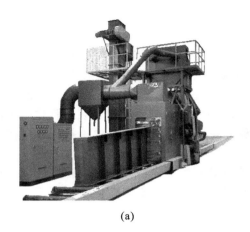

(a)　　　　　　　　　　　　(b)

图 3.34　抛丸除锈和喷砂除锈

和酸雾会造成环境污染。如果处理不当还会造成金属表面过蚀,形成麻点。目前已很少采用这种方法。

（3）手动和动力除锈。

其工具简单、施工方便,但劳动强度大,除锈质量差。该方法只有在其他方法都不具备的条件下才能局部采用。例如,个别构件的修整或安装工地的局部除锈处理等。其常用的工具有:砂轮机、铲刀、钢丝刷和砂布等。

3）除锈等级

除锈等级分为喷射或抛射除锈、手动和动力工具除锈、火焰除锈三种类型,分别介绍如下。

（1）喷射或抛射除锈,用字母"Sa"表示,分为以下四个等级。

① Sa1 表示轻度的喷射或抛射除锈。钢材表面应无可见的油脂或污垢,没有附着不牢的氧化皮、铁锈和油漆涂层等附着物。

② Sa2 表示彻底地喷射或抛射除锈。钢材表面无可见的油脂和污垢,氧化皮、铁锈等附着物已基本清除,其残留物应是牢固附着的。

③ Sa2 $\frac{1}{2}$ 表示非常彻底地喷射或抛射除锈。钢材表面无可见的油脂、污垢、氧化皮、铁锈和油漆涂层等附着物,任何残留的痕迹应仅为点状或条状的轻微色斑。

④ Sa3 表示使钢材表观洁净的喷射或抛射除锈。钢材表面无可见的油脂、污垢、氧化皮、铁锈和油漆等附着物,其表面应显示均匀的金属光泽。

（2）手动和动力工具除锈,以字母"St"表示,分为以下两个等级。

① St2 表示彻底手动和动力工具除锈。钢材表面无可见的油脂和污垢,没有附着不牢的氧化皮、铁锈和油漆涂层等附着物。

② St3 表示非常彻底地手动和动力工具除锈。钢材表面应无可见的油脂和污垢,并且没有附着不牢的氧化皮、铁锈和油漆涂层等附着物。除锈应比 St2 更彻底,底材显露部分的表面应具有金属光泽。

（3）火焰除锈,以字母"F1"表示,它包括在火焰加热作业后,以动力钢丝刷清除加热后附着在钢材表面的产物,只有一个等级。

F1 表示钢材表面应无氧化皮、铁锈和油漆等附着物,任何残留的痕迹应仅为表面变色(或不同颜色的暗影)。

(4) 除锈等级的评定。

评定钢材表面的除锈等级,应在良好的散射日光下或在照度良好的人工照明条件下进行。检查人员应具有正常的视力,把待检查的钢材表面与相应的照片进行目视比较评定。评定除锈等级时,以与钢材表面外观最接近的照片所标示的除锈等级作为评定标准。样本照片可参见GB/T 8923.1—2011 或 ISO 8501-1：2007。

4）防腐涂装方法

涂层结构的形式有:底漆-中间漆-面漆、底漆-面漆两种形式。其中,底漆和面漆是同一种漆,底漆附着力强,防锈性能好;中间漆兼有底漆和面漆的性能,并能增加漆膜总厚度;面漆防腐蚀耐老化性好;为了发挥最大的作用和获得最佳的效果,它们必须配套使用。

涂料涂装方法有刷涂法、滚涂法、浸涂法、空气喷涂法、雾气喷涂法等,分别介绍如下。

(1) 刷涂法。

刷涂法是一种古老施工方法,它具有工具简单、施工方法简单、施工费用少、易于掌握、适应性强、节约涂料和有机溶剂等优点。其缺点是劳动强度大、生产效率低、施工质量取决于操作者的技能等。

(2) 滚涂法。

滚涂法是用多孔吸附材料制成的滚轮进行涂料施工的方法。该方法施工用具简单,操作方便,施工效率比刷涂法高,适合用于大面积的构件。其缺点是劳动强度大,生产效率较低。

(3) 浸涂法。

浸涂法是将被涂物放入漆槽内浸渍,经过一段时间后取出,让多余涂料尽量滴净后再晾干。其优点是施工方法简单,涂料损失少,适用于构造复杂构件;其缺点是有流挂现象,溶剂易挥发。

(4) 空气喷涂法。

空气喷涂法是利用压缩空气的气流将涂料带入喷枪,经喷嘴吹散成雾状,并喷涂到物体表面上的涂装方法。

其优点是可获得均匀、光滑的漆膜,施工效率高;其缺点是消耗溶剂量大,污染现场,对施工人员身体有害。

(5) 无气喷涂法。

无气喷涂法是利用特殊的液压泵,将涂料加压至高压,当涂料经喷嘴喷出时,高速分散在被涂物表面上形成漆膜。

其优点是喷涂效率高,对涂料适应性强,能获得厚涂层。其缺点是如果要改变喷雾幅度和喷出量必须更换喷嘴,也会损失涂料,对环境有一定污染。

刷涂法和喷涂法的现场照片如图 3.35 所示。用于测定膜层厚度的干膜测试仪和湿膜测试仪如图 3.36 所示。

5）涂装施工与管理

(1) 施工环境要求。施工环境温度宜为 5～38℃,具体要求应按涂料产品说明书的规定执行。施工环境湿度一般宜在相对湿度小于 80％的条件下进行,不同涂料的性能不同,所要求的施工环境湿度也不同。

(a) 刷涂法　　　　　　　　　　　　　(b) 喷涂法

图 3.35　刷涂法和喷涂法

(a) 干膜测试仪　　　　　　　　　　　　(b) 湿膜测试仪

图 3.36　干膜测厚仪和湿膜测厚仪

（2）设计要求或钢结构施工工艺要求。禁止涂装的部位，为防止误涂，在涂装前必须进行遮蔽保护。例如，地脚螺栓和底板、高强度螺栓结合面、与混凝土紧贴或埋入的部位等。

（3）涂料开桶前，应充分摇匀。开桶后，原漆应不存在结皮、结块、凝胶等现象，有沉淀应能搅起，有漆皮应除掉。

（4）涂装施工过程中要控制油漆的黏度、稠度、稀度，兑制时应充分搅拌，使油漆色泽、熟度均匀一致。调整油漆黏度时必须使用专用稀释剂，如需其他产品代用，必须经过试验测试后方可采用。

（5）涂刷遍数及涂层厚度应执行设计要求规定。

（6）涂装间隔时间应根据各种涂料产品说明书确定。

（7）涂刷第一层底漆时，涂刷方向应该一致，接槎整齐。

（8）钢结构安装完毕后，进行防腐涂料的二次涂装。

涂装前，首先利用砂布、电动钢刷、空气压缩机等工具将钢构件表面处理干净，然后对涂层损坏部位和未涂部位进行补涂，最后按照设计要求规定进行二次涂装施工。

（9）涂装完成后，进行自检和专业检查并做好记录。钢结构防腐涂料涂装工程检验批质量验收记录见表 3.6。

表 3.6 钢结构防腐涂料涂装工程检验批质量验收记录

工程名称						检验部位		监理(建设)单位验收意见
施工单位						项目经理		
执行企业标准名称及编号								
施工质量验收规范规定						施工单位检查记录		
主控项目	1	涂料、稀释剂等材料的品种、规格、性能等应符合现行国家产品标准和设计要求				采用×××涂料,×××稀释剂应符合设计和标准要求,见材料报验单		
	2	钢材表面除锈应符合设计要求和国家现行有关标准的规定。处理后的钢材表面不应有焊渣、焊疤、灰尘、油污、水和毛刺等,当设计无要求时,钢材表面除锈等级应符合规定				表面除锈 St1 级		
		涂料品种			除锈等级			
		油性酚醛、醇酸等底漆或防锈漆			St2	×××漆为 St2		
		高氯化聚乙烯、氯化橡胶、氯磺化聚乙烯、环氧树脂、聚氯酯等底漆或防锈漆			Sa2			
		无机富锌、有机硅、过氯乙烯等底漆			Sa2 $\frac{1}{2}$			
	3	涂装遍数、涂层厚度均应符合设计要求。当设计对涂层厚度无要求时,涂层干漆膜厚度如下				涂装三度,涂层厚度符合要求,见涂层测厚记录××		
		允许偏差/mm	涂层干漆膜厚度	室外应为 150	25 μm			
				室内应为 125				
			每遍涂层干漆膜厚度		$-5\ \mu$m			
一般项目	1	涂料颜色符合设计要求,有效期与质量证明文件相符且不过期,涂料开启后,不应存在结皮、结块、凝胶现象				涂料颜色橘黄色,有效期××,无结皮、结块、凝胶现象		
	2	构件表现不应误涂、漏涂,涂层不应脱皮和返锈等。涂层应均匀、无明显皱皮、流坠、针眼和气泡等				无误涂、漏涂,涂层无脱皮、返锈,有 2 处皱皮,3 处流坠		
	3	当钢结构处在有腐蚀介质环境或外露且设计有要求时,应进行涂层附着力测试。在检测处范围内,当涂层完整程度达到 70% 以上时,涂层附着力达到合格质量标准的要求				按设计进行涂层附着力测试,涂层完整度 80% 见测试记录××		
	4	涂装的完成后,构件的标志、标记和编号应清晰完整				构件标志、编号完整、清晰		
	主控项目:			一般项目:				
施工单位检查评定结果	施工班组长: 专业施工员: 专职质检员: 年　月　日			监理(建设)单位验收评定结论		专业监理工程师: (建设单位项目专业技术负责人): 年　月　日		

2. 防火涂装

火灾是由可燃材料的燃烧引起的,是一种失去控制的燃烧过程。建筑物发生火灾会造成很大的损失,尤其是钢结构一旦发生火灾容易破坏而倒塌。钢是不易燃烧物体,但却容易导热,试验表明,不加保护的钢构件的耐火极限仅为 10~20 min。温度在 200 ℃以下时,钢材性能基本不变;当温度超过 300 ℃时,钢材力学性能迅速下降;当温度达到 600 ℃时钢材将失去承载能力,造成结构变形,最终导致钢结构垮塌。

国家规范对各类建筑构件的燃烧性能和耐火极限都有要求,当采用钢材时,钢构件的耐火极限不应低于表 3.7 中的规定。

表 3.7　钢结构耐火极限

耐火极限/h 耐火等级	高层民用建筑			一般工业与民用建筑				
	柱	梁	楼板屋顶承重构件	支承多层的柱	支承单层的柱	梁	楼板	屋顶承重构件
一级	3.0	2.0	1.5	3.0	2.5	2.0	1.5	1.5
二级	2.5	1.5	1.0	2.5	2.0	1.5	1.0	0.5
三级				2.5	2.0	1.0	0.5	

1) 防火涂料

(1) 防火涂料的类型。

钢结构防火涂料按厚度的不同分为薄涂型(B 类)、厚涂型(H 类)两类;按施工环境的不同分为室内、露天两类;按所用黏结剂的不同分为有机类、无机类两类;按涂层受热后的状态的不同分为膨胀型和非膨胀型等。

(2) 防火涂料的选用。

① 室内裸露钢结构、轻型屋盖钢结构及有装饰要求的钢结构,当规定其耐火极限在 1.5 h 以下时,宜选用薄涂型钢结构防火涂料。

② 室内隐蔽钢结构、高层全钢结构及多层厂房钢结构,当规定其耐火极限在 2.0 h 以上时,宜选用厚涂型钢结构防火涂料。

③ 处于半露天或某些潮湿环境下的钢结构、露天钢结构等应选用室外钢结构防火涂料。

2) 防火涂装施工

(1) 一般规定。

① 钢结构防火涂料的生产厂家、检验机构、涂装施工单位均应具有相应的资质,并通过公安消防部门的认证。

② 钢结构涂料涂装前,构件应安装完毕并验收合格。如果要提前施工,应考虑施工后补喷。

③ 钢结构表面杂物应清理干净,其连接处的缝隙应使用防火涂料或其他材料填平后方可施工。

④ 喷涂前,钢结构表面应除锈,并应根据使用要求确定防锈处理方式。

⑤ 喷涂前应检查防火涂料,包括:防火涂料品名、质量是否满足要求;是否有厂方的合格证、检测机构的耐火性能检测报告和理化性能检测报告等。

⑥ 防火涂料的底层和面层应相互配套,底层涂料不得腐蚀钢材。

⑦ 在涂料施工过程中,环境温度宜在 5～38℃之间,相对湿度不应大于 85%。涂装时构件表面不应有结露,涂装后 4 h 内应免受雨淋。

（2）施工工艺。

① 厚涂型钢结构防火涂料涂装工艺及要求。

一般采用喷涂方法涂装,搅拌和调配涂料,使稠度适宜,喷涂后不会流淌和下坠。喷涂机具为压送式喷涂机,配备能够自动调压的空压机,局部修补和小面积构件采用手工抹涂方法施工,施工工具为抹灰刀等。喷涂分若干次完成,第一次基本盖住钢材表面即可,以后每次喷涂厚度为 5～10 mm,一般为 7 mm;必须在前一次基本干燥或固化后再进行下一次喷涂,通常每天喷涂一层;喷涂保护方式、喷涂遍数与涂层厚度应根据设计要求确定。

② 薄涂型钢结构防火涂料涂装工艺及要求。

一般采用喷涂方法涂装,面层浆饰涂料可以采用刷涂、喷涂或滚涂等方法,局部修补或小面积构件涂装不具备喷涂条件时,可采用抹灰刀等工具进行手工抹涂。喷涂机具为重力式喷枪,配备能够自动调压的空压机。底涂层一般喷 2～3 遍,待前遍干燥后再喷后一遍,第一遍盖住 70%即可,第二、三遍每遍不超过 2.5 mm 为宜;喷涂保护方式、喷涂层数和涂层厚度应根据防火设计要求确定。

（3）检查验收。

钢结构防火涂料涂装工程检验批质量验收记录见表 3.8。

表 3.8　钢结构防火涂料涂装工程检验批质量验收记录

工程名称				检验部位		
施工单位				项目经理		监理（建设）单位验收意见
执行企业标准名称及编号						
		施工质量验收规范规定		施工单位检查记录		
主控项目	1	钢结构防火涂料的品种和技术性能应符合设计要求,并应经过具有检测资质的检测机构检测,其结果应符合国家现行有关标准规定		采用防火涂料,品种性能应符合设计要求,见产品合格证明和性能检测报告		
	2	防火涂料涂装前钢材表面除锈及防锈底漆涂装应符合设计要求和国家现行有关标准的规定		表面除锈达 St2 级,防锈底漆涂装合格,见防锈涂装验收记录		
	3	钢结构防火涂料的黏结强度、抗压强度应符合国家现行标准《钢结构防火涂料应用技术规范》(CECS 24—1990)的规定		符合标准规定,见产品合格证明和性能检测报告		

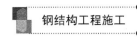

右上角：续表

工程名称			检验部位		监理（建设） 单位验收 意见
施工单位			项目经理		
执行企业标准名称及编号					
施工质量验收规范规定			施工单位检查记录		
主控项目	4	薄涂型防火涂料的涂层厚度应符合有关耐火极限的设计要求。厚涂型防火涂料涂层的厚度，80%及以上面积应符合有关耐火极限的设计要求，且最薄处厚度不应低于设计要求的85%	耐火极限 1 h，经检测合格，见检测报告×××		
	5	薄涂型防火涂料涂层表面裂纹宽度不应大于 0.5 mm，厚涂型防火涂料涂层表面裂纹宽度不应大于 1 mm	未发现表面裂纹		
一般项目	1	涂料的型号、名称、颜色及有效期应与质量证明文件相符且不过期。开启后，不应存在结皮、结块、凝胶等现象	涂料颜色乳黄色，有效期×××，无结皮、结块、凝胶现象		
	2	防火涂料涂装基层不应有油污、灰尘和泥沙等污垢	涂装前基层经处理无油污、灰尘、泥沙等污垢物		
	3	防火涂料不应误涂、漏涂，涂层应闭合无脱层、空鼓、明显凹陷、粉化松散和浮浆等外观缺陷，乳突已剔除	无误涂、漏涂，涂层无脱层空鼓，有 2 处涂浆，3 处乳突		
主控项目：　　　　　　　　一般项目：					
施工单位 检查评定 结果	施工班组长： 专业施工员： 专职质检员： 　　　　　　　年　　月　　日		监理（建设） 单位验收 评定结论	专业监理工程师： （建设单位项目专业技术负责人）： 　　　　　　　年　　月　　日	

学习拓展

一、典型 H 型钢构件制作工艺

1. 制作工艺

由于 H 型钢在经济和性能上优于工字钢，目前钢结构厂房柱及梁大都采用 H 型钢结构。如图 3.37 所示为 H 型钢的主要生产工艺流程。

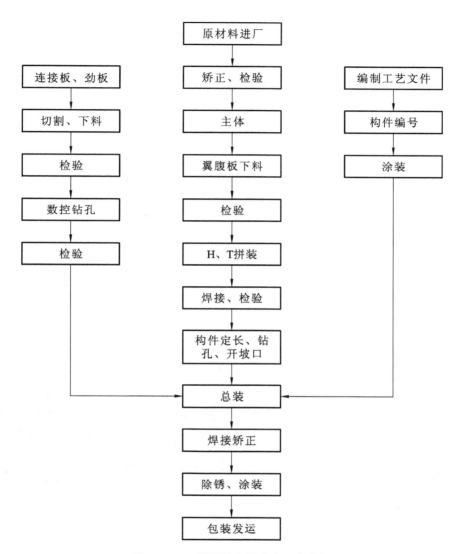

图 3.37 H 型钢的主要生产工艺流程

焊接 H 型钢制作流程如图 3.38 所示。

2. 焊接 H 型钢设备

1）下料设备

一般采用数控多头切割机或者纸条多头切割机,此设备是高效率的板条切割设备,纵向切割可根据要求配置,可一次加工多块板,保证板条两边变形均匀。切割下料现场图如图 3.39 所示。

2）拼装点焊设备

焊接 H 型钢拼装点焊设备为 H 型钢组立机,此类设备一般都采用 PLC 可编程控制器,对型钢的夹紧、对中、定位点焊及翻转实行全过程自动控制,速度快、效率高。点焊的现场图如图 3.40 所示。

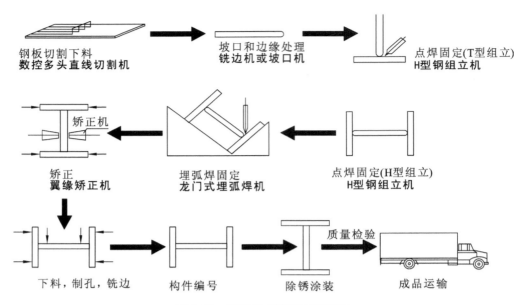

钢板切割下料
数控多头直线切割机

坡口和边缘处理
铣边机或坡口机

点焊固定(T型组立)
H型钢组立机

矫正
翼缘矫正机

埋弧焊固定
龙门式埋弧焊机

点焊固定(H型组立)
H型钢组立机

下料,制孔,铣边

构件编号

除锈涂装

质量检验

成品运输

图 3.38　焊接 H 型钢制作流程图

图 3.39　切割下料

图 3.40　点焊

3）焊接设备

焊接 H 型钢翼缘板与腹板的纵向长焊缝在工厂内多采用船形焊的焊接工艺,如图 3.41 所示。船形焊时,焊丝在垂直位置,工件倾斜,熔池处于水平位置,焊缝成形较好,不易产生咬边或熔池溢满现象。H 型钢焊接一般采用龙门式埋弧焊机。

H 型钢矫正如图 3.42 所示,H 型钢抛丸除锈如图 3.43 所示,构件涂装如图 3.44 所示。

图 3.41　船形焊

图 3.42　H 型钢矫正

图 3.43　H 型钢抛丸除锈

图 3.44　构件涂装

二、焊接工艺评定

（1）焊接工艺评定是证明钢结构工程采用的焊接工艺能满足结构使用性能的见证性技术文件，凡符合以下情况之一者，应在钢结构构件制作及安装施工之前进行焊接工艺评定。

① 国内首次应用于钢结构工程的钢材（包括钢材牌号与标准相符但微合金强化元素的类别不同和供货状态不同，或国外钢号国内生产等情况）。

② 国内首次应用于钢结构工程的焊接材料。

③ 设计规定的钢材类别、焊接材料、焊接方法、接头形式、焊接位置、焊后热处理制度以及施工单位所采用的焊接工艺参数、预热后热措施等各种参数的组合条件为施工企业首次采用。

（2）焊接工艺评定应由结构制作、安装企业根据所承担钢结构的设计节点形式、钢材类型、钢材规格、采用的焊接方法、焊接位置等，制定焊接工艺评定方案，拟定相应的焊接工艺评定指导书，按相关规程规定的施焊试件、切取试样并由具有国家技术质量监督部门认证资质的检测单位进行检测试验。

（3）焊接工艺评定的施焊参数，包括热输入、预热、后热制度等应根据被焊材料的焊接性制订。

（4）焊接工艺评定所用设备、仪表的性能应与实际工程施工焊接相一致并处于正常工作状态。焊接工艺评定所用的钢材、焊钉、焊接材料必须与实际工程所用材料一致并符合相应标准要求，具有生产厂出具的质量证明文件。

（5）焊接工艺评定试件应由该工程施工企业中技能熟练的焊接人员施焊。

（6）焊接工艺评定试验完成后，应由评定单位根据检测结果提出焊接工艺评定报告，连同焊接工艺评定指导书、评定记录、评定试样检验结果一起报工程质量监督验收部门和有关单位审查备案。

检查与评价

一、填空题

1. 在钢结构构件的零件放样中，样板和样杆是下料、制弯、铣边、制孔等加工的 _____ 。

2. 钢材切割下料方法有 _____ 、_____ 和 _____ 等。

3. 钢材的矫正可分为 _____ 和 _____ 的方法。

4. 钢材边缘加工有 _____ 、_____ 和 _____ 三种方法。

5. 大六角头高强度螺栓连接副一般采用_____和_____紧固。

6. 钢结构防腐涂装常用的施工方法有_____和_____两种。

二、选择题

1. 喷射或抛射除锈用字母"Sa"表示,分四个等级,要求最高的是(　　)。

A. Sa1　　　　　B. Sa2　　　　　C. Sa2.5　　　　　D. Sa3

2. 手动和动力工具除锈用字母"St"表示,要求最高的是(　　)。

A. St1　　　　　B. St2　　　　　C. St3　　　　　D. St4

3. 火焰除锈是在火焰加热作业后,以动力钢丝刷清除加热后附着在钢材表面的产物,共有(　　)个等级。

A. 1　　　　　B. 2　　　　　C. 3　　　　　D. 4

4. 氧气切割是以(　　)和燃料气体燃烧时产生的高温熔化钢材,并以氧气压力进行吹扫,造成割缝,使金属按要求的尺寸和形状被切割成零件。

A. 空气　　　　　B. 氧气　　　　　C. CO_2 气体　　　　　D. 氧气与燃料的混合气体

5. 在焊接过程中焊条药皮的主要作用有(　　)。

A. 保护作用　　　　　B. 助燃作用　　　　　C. 升温作用　　　　　D. 降温作用

三、简答题

1. 简述钢结构制作的工艺流程。

2. 简述钢结构制作常用的焊接方法及其适用范围。

3. 什么是放样、划线?什么是号料?

4. 简述 H 型钢构件的制作工艺。

5. 什么情况下需要做焊接工艺评定?

6. 钢结构防腐涂装方法有哪些?

单元 4
钢结构安装

单元描述

· ● ● ● ●

　　钢结构构件在加工厂制作完成后需要运输至施工现场进行安装,在安装准备工作完成后,对于单层和多高层钢结构,其安装工艺不尽相同,作为施工技术人员需要掌握基本构件的安装方法,能够结合实际工程情况选取合理的施工工艺,并且能够对每一步工序进行质量检验并进行验收记录的填写。因此,本单元主要介绍钢结构安装的准备工作、单层钢结构的安装工艺、多高层钢结构的安装工艺、围护结构的安装等四个方面的内容。

　　通过本单元的学习,应达成以下学习目标。

☆ 能力目标

(1) 能选取合理的吊装工艺。

(2) 能进行每一步工序的质量检验并正确填写资料表格。

(3) 能编制钢结构吊装方案。

☆ 知识目标

(1) 熟悉钢结构安装的准备工作。

(2) 掌握钢结构构件的安装流程。

(3) 掌握每一步工序的施工方法及检验标准。

(4) 熟悉网架的常用安装方法。

(5) 熟悉围护结构的常用材料、安装节点和检验标准。

学习任务 **1** 钢结构安装准备

任务书

　　钢结构在安装前应做好一系列的准备工作,包括待安装钢结构构件的准备、施工机械及基础准备。因此,本学习任务分别从这三个方面的准备进行讲解,使学习者达到以下学习目标。

【能力目标】

(1) 能准确合理的选取施工机械。
(2) 能进行钢结构构件的验收。
(3) 能进行基础的验收。

【知识目标】

(1) 掌握安装过程中常用施工机械的特点及应用范围。
(2) 掌握钢结构构件验收的内容。
(3) 掌握基础验收的内容。

学习内容

一、构件准备

1. 构件运输

　　钢结构构件的运输要注意在运输过程中应不损坏、不变形,并且要为吊装作业创造有利的条件。构件运输方式一般多采用汽车和平板拖车运输,将构件直接运到施工现场。长度在 6 m 以内的柱子一般用汽车运输,较长的柱子用拖车运输。两点或三点支承运输时,在运输车上应侧放,并采取稳定措施防止其倾倒。

2. 构件的堆放

　　钢结构构件应按工程名称、构件型号、吊装顺序分别堆放。堆放在坚实平整的地基上,位置尽可能布置在起重机的工作幅度范围以内。构件运输到现场后,大型构件如柱子、屋架等应按施工组织设计中的构件平面布置图就位;小型构件如屋面板、连系梁等可在规定的适当的位置堆放于垫木上,垫木在一条垂直线上,一般连系梁可叠放 2~3 层,屋面板可叠放 6~8 层。构件堆放还应考虑构件吊装的先后顺序和施工进度的要求,避免二次搬运;构件堆放还需按编号进行堆放,以免出现需先吊装的构件被压在下面的情况,影响施工进度。

3. 构件检查

构件检查主要检查构件表面有无损伤、缺陷、变形及裂纹等。另外,还应检查预埋件上是否有被水泥浆覆盖的现象或有污物,如发现应及时清除,以免影响构件拼装(如焊接等)和拼装质量。检查钢构件的型号、规格与数量是否满足设计要求。

4. 构件的弹线与编号

1)柱

应在柱身的三个面上弹吊装准线。对于矩形截面柱,可按几何中线弹吊装准线;对于工字型截面柱,为便于观测及避免视差,则应在靠柱边翼缘上弹一条与中心线平行的线,该线应与基础杯口面上的定位轴线相吻合。另外,在柱顶要弹出截面中心线,在牛腿面上要弹出吊车梁的吊装准线,还要弹出标高基准标准线。柱子弹线如图 4.1 所示。

2)屋架

在屋架上弦顶面应弹出几何中心线,并从跨度的中央向两端分别弹出天窗架、屋面板或檩条的吊装准线。在屋架的两个端头应弹出屋架纵横吊装准线。

3)梁

在梁的两端及顶面应弹出几何中心线,作为梁的吊装准线。

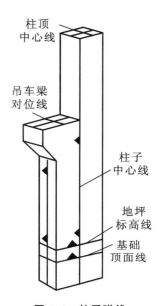

图 4.1 柱子弹线

二、起重机械

钢结构工程一般属于大型工程,其质量较大,需要借助机械设备与器具才能对其进行转动和安装。起重机械是钢结构施工现场不可或缺的大型设备,如何选择起重机械是保证钢结构安装活动顺利进行的关键。其中,常用的机械有自行式起重机、塔式起重机、葫芦起重机、卷扬机和千斤顶等。

1. 塔式起重机

塔式起重机又称为塔吊,是由提升、行走、变幅、回转等机构与金属结构两大部分组成。塔式起重机的起重臂安装在塔身顶部,可 360°旋转,具有较高的起重高度、工作幅度和起重能力,在多层、高层结构的吊装和垂直运输中应用最广泛。塔式起重机按有无行走机构可分为移动式塔式起重机和固定式塔式起重机。

移动式塔式起重机根据行走装置的不同又可分为轨道式、轮胎式、汽车式和履带式等四种。轨道式塔式起重机塔身固定于行走底架上,可在专设的轨道上运行,其稳定性好,能带负荷行走,工作效率高,因而广泛应用于建筑安装工程,如图 4.3 所示。轮胎式、汽车式和履带式塔式起重机无轨道装置,移动方便,但不能带负荷行走、稳定性较差,目前已很少生产。

固定式塔式起重机(见图 4.2)根据装设位置的不同,又可分为附着自升式和内爬式两种。附着自升式固定式塔式起重机,布置在建筑物外部,塔身借助顶升系统向上接高,每隔 14～20 m 采用附着式支架装置将塔身固定在建筑物上,能随建筑物升高而升高,适用于高层建筑,其建筑结构仅承受由起重机传来的水平载荷,附着方便,但占用结构用钢多,如图 4.4 所示。内爬式固定式起重机布置在建筑物内部(电梯井、楼梯间),借助一套托架和顶升系统进行爬升,顶升系统较烦琐,但占用结构用钢少,不需要装设基础,全部自重及载荷均由建筑物承受而且塔身短、不需轨道和附着装置,不占用施工场地。其缺点是全部荷载由建筑物承受,拆除时需在屋面架设辅助起重设施。内爬式塔式起重机主要用于超高层建筑施工中。

图 4.2　固定式起重机　　　　　　图 4.3　轨道式塔式起重机

图 4.4　附着式塔式起重机　　　　图 4.5　内爬式塔式起重机

2. 履带式起重机

履带式起重机操纵灵活,使用方便,有较大的起重能力,本身能回转 360°,在平坦坚实的地面上能负荷行驶,由于履带的作用,可在松软、泥泞的地面上作业,也可以在不平的场地行驶,如图 4.6 所示。其更换工作装置后可成为挖土机或打桩机,是一种多功能机械。履带式起重机的起重量一般较大,行驶速度慢,自重大,对路面有破坏性。因而其转移时,多用平板拖车装运。

(a)

(b)

图 4.6 履带式起重机

3. 汽车式起重机

汽车式起重机是将起重机安装在普通载重汽车或专用汽车底盘上的起重机,其行驶驾驶室与起重操纵室分开设置,如图 4.7 所示。汽车式起重机广泛用于构件装卸和单层钢结构吊装。

汽车式起重机的底盘两侧设有四个支腿,可增加起重机的稳定性,具有机动性能好,运行速度快,转移迅速、对道路无损伤等优点,但其不能负荷行驶,吊重物时必须支腿,对工作场地的要求较高。

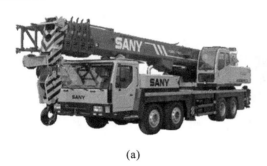
(a)

(b)

图 4.7 汽车式起重机

4. 轮胎式起重机

轮胎式起重机是一种使用专用底盘的轮式起重机,横向稳定性好,能全回转作业,并且在允许载荷下能负载行走,如图 4.8 所示。其行驶速度慢,不宜长距离行驶,常用于作业地点相对固定而作业量较大的吊装作业。轮胎式起重机作业时也要放出伸缩支腿以保护轮胎,必要时支腿下可加设垫块以扩大支承面。

5. 桅杆式起重机

桅杆式起重机又称抱子、扒杆,是一种简单的起重机械,如图 4.9 所示。在起重作业中常用

(a)　　　　　　　　　　　　　　(b)

图 4.8　轮胎式起重机

(a)　　　　　　　　　　　　　　(b)

(c)　　　　　　　　　　　　　　(d)

图 4.9　桅杆式起重机

它来起吊和安装设备。由于其吊装效率低,作业人员劳动强度大,已不能满足现代化大规模施工的要求。但在某些施工场合中,由于施工场地狭窄,其他大型起重机械不便进入施工场地进行作业,或者施工现场缺乏其他起重机械,或者起重的工作量不多,采用其他大型起重机械不经济,使用桅杆式起重机可以弥补大型起重机械成本高、机动性不足的缺点。所以桅杆式起重机在起重作业中也是不可少的组成部分。同时,由于桅杆制作较简单方便,安装和拆除也方便,起重量也较大,而且在使用中对安置的地点的要求不高。因此,目前桅杆式起重机在起重作业中仍然得到了广泛应用。

目前桅杆式起重机没有统一的设计规范和定型产品,都是由施工单位自行设计、制造,自己使用。桅杆的种类很多,但一般分类如下。

(1)按桅杆材料分:分为木质桅杆和金属桅杆等。

(2)按桅杆断面分:分为方形、圆形、三角形的桅杆及其他截面形式桅杆。

(3)按桅杆腹面形式分:分为实腹式桅杆和格构式桅杆等。

(4)按桅杆结构形式分:分为独角桅杆、动臂桅杆、人字桅杆和龙门桅杆等。

起重桅杆必须与滑车、卷扬机相结合。由于桅杆起重机系缆多,灵活性差,移动不方便,因此,它仅适用于在起吊工作集中、移动范围较小的起重作业中。

6.索具设备

1)卷扬机

卷扬机是用卷筒缠绕钢丝绳或用链条提升或牵引重物的轻小型起重设备,又称为绞车。卷扬机可以垂直提升重物或水平、倾斜曳引重物。卷扬机分为手动卷扬机和电动卷扬机两种,如图4.10所示,实际使用中以电动卷扬机为主。卷扬机可单独使用,也可作为起重、筑路和矿井提升等机械中的组成部件,因其操作简单、绕绳量大、移动方便而广泛应用。卷扬机主要运用于建筑、水利工程以及林业、矿山、码头等领域的物料升降或平拖。卷扬机必须用地锚进行锚固,以防工作时发生滑动或倾覆。

(a)   (b)

图4.10 电动卷扬机和手动卷扬机

2)滑轮组

滑轮组由一定数量的定滑轮和动滑轮以及穿绕的钢丝绳组成,具有省力和改变力的方向的功能如图4.11所示。滑轮组中用于负担重物的钢丝绳的根数称为工作线数,滑轮组的名称以滑轮组的定滑轮和动滑轮的数目来表示。定滑轮仅改变力的方向,不能省力;动滑轮随重物上下移动,可以省力。滑轮组的滑轮越多、工作线数越多,则越省力。滑轮组在起重机、卷扬机、升降机等机械中得到了广泛应用。

(a)　　　　　　　(b)　　　　　　　(c)　　　　　　　(d)

图 4.11　滑轮组

3）葫芦起重机

葫芦起重机是一种使用简单、携带方便的手动起重机械,它适用于小型设备和货物的短距离吊运,起重量一般不超过 100t。葫芦起重机分为手拉葫芦和电动葫芦,其中电动葫芦又分为钢丝绳电动葫芦和环链电动葫芦,如图 4.12 所示。

(a)　　　　　　　　　　　　　　　　　　(b)

图 4.12　电动葫芦

4）卡环

卡环又称为卸扣,卸甲,主要用于吊索之间的连接和吊索与吊环之间的连接,是吊索(如钢丝绳、麻绳等)与构件间联系用的工具。卡环由一个弯环和一根横销组成,按横销与弯环连接方法的不同,又分为螺栓式(见图 4.13)和活络式(见图 4.14)两种。其中,螺栓式卡环使用较多;但在柱子吊装中多用活络卡环,其可以减少高空作业,卸钩时吊车松钩将拉绳下拉,销子自动脱开。卡环的使用示意图如图 4.15 所示。

图 4.13　螺栓式卡环

图 4.14　活络式卡环

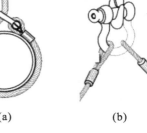
(a)　　　　　(b)

图 4.15　卡环使用示意图

5) 横吊梁

横吊梁又称为铁扁担,常用于柱和屋架等构件的吊装,如图 4.16 和图 4.17 所示。用横吊梁吊装柱容易使柱身保持垂直,便于安装;用横吊梁吊装屋架可以降低起吊高度,减少吊索的水平分力对屋架的压力。一般横吊梁常用钢板或型钢组合而成。横吊梁的使用示意图如图 4.18 所示。

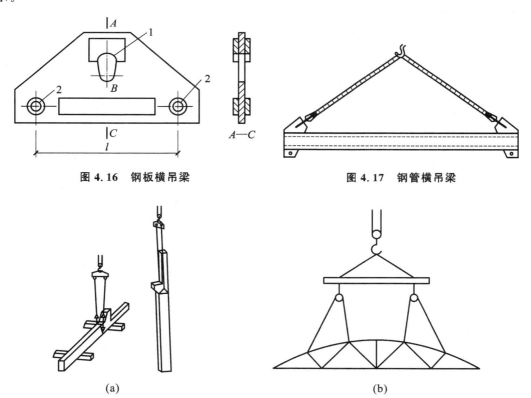

图 4.16　钢板横吊梁　　　　　图 4.17　钢管横吊梁

图 4.18　横吊梁使用示意图

7. 起重机械的选择

在选择起重机类型需综合考虑以下因素。

（1）结构的跨度、高度、构件重量和吊装工程量。

（2）施工现场条件。

（3）工期要求。

（4）施工成本要求。

（5）本企业或本地区现有起重设备状况。

对于一般中小型厂房，采用自行式起重机是比较合理的，其中履带式起重机、汽车式起重机使用最为普遍。当厂房结构高度和长度较大时，可选用塔式起重机吊装屋盖结构。对于大跨度的重型厂房，因厂房的跨度较大、高度较高，构件尺寸和重量亦很大，往往需要结合安装设备同时考虑结构吊装问题，故多选用大型自行杆式起重机、重型塔式起重机、大型牵缆桅杆式起重机。在缺乏自行式起重机的地方，或是厂房面积较小、构件较轻时，可采用桅杆式起重机。对于重型构件，当一台起重机无法满足吊装要求时，也可用两台或三台起重机同时进行吊装。

起重机的起重量、起重高度和起重半径是吊装参数的主体。其中，起重量必须大于所吊最重构件加起重滑车组的重量；起重高度必须满足所需安装的最高的吊装要求；起重半径应满足在起重量与起重高度一定时，能保持一定距离吊装该构件的要求。

三、基础验收

钢柱是直接安装在钢筋混凝土柱基底板上的，钢结构的安装质量与柱基的定位轴线、基准标高直接相关，故在安装钢柱前应对基础进行弹线并找平。安装单位对柱基的检查重点是：定位轴线间距、柱基面标高和地脚螺栓预埋位置等的偏差应满足规范要求。

1. 检查定位轴线

定位轴线从基础施工起就应重视，先要做好控制桩。待基础浇筑混凝土后再根据控制桩将定位轴线引渡到桩基钢筋混凝土底板面上，然后预检定位轴线是否与原定位线重合、封闭，每根定位轴线的总尺寸误差值是否超过控制数，纵横定位轴线是否垂直、平行。定位轴线预检是在弹过线的基础上进行，预检由业主、土建、安装三方联合进行，对检查数据应统一认可鉴定证明。基础弹线如图4.19所示。

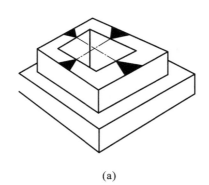
(a)

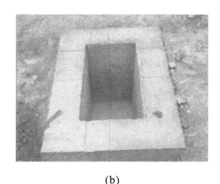
(b)

图4.19 基础弹线

2. 检查柱间距

柱间距检查是在定位轴线认可的前提下进行的,采用标准尺(应是通过计算调整过的标准尺)实测柱距的方法。柱距偏差值应严格控制在±3 mm 范围内。因为定位轴线的交叉点是柱基中心点,也是钢柱安装的基准点,钢柱竖向间距以此为准,框架钢梁的连接螺孔的孔洞直径一般比高强螺栓直径大 1.5～2.0 mm,若柱距过大或过小,将直接影响整个竖向框架梁的安装连接和钢柱的垂直,安装中还会有安装误差。

3. 检查单独柱基中心线

检查单独柱基的中心线与定位轴线之间的误差,调整柱基中心线使其与定位轴线重合,然后以柱基中心线为依据,检查地脚螺栓的预埋位置。

4. 检查柱基地脚螺栓

(1)检查螺栓长度。螺栓的螺纹长度应保证钢柱安装后螺母拧紧的需要。

(2)检查螺栓垂直度。如垂直度误差超过规定必须矫直,矫直方法可采用冷校法或火焰热校法。检查螺纹是否损坏,检查合格后在螺纹部分涂上油,盖好帽套进行保护。

(3)检查螺栓间距。实测独立柱地脚螺栓组间的偏差值,绘制平面图表明偏差数值和偏差方向。与地脚螺栓相对应的钢柱安装孔,根据螺栓的检查结果进行调整,如有问题,应事先扩孔,以保证钢柱的顺利安装。

5. 实测基准标高

在柱基中心表面和钢柱底面之间,考虑到施工因素,规定有一定的间隙作为钢柱安装前的标高调整,该间隙我国的规范规定为 50 mm。基准标高点一般设置在柱基底板的适当位置,四周加以保护,作为整个钢结构工程施工阶段的标高的依据。以基准标高点为依据,对钢柱柱基表面进行标高实测,将测得的标高偏差用平面图来表示,作为调整的依据。

四、钢结构吊装方法选择

1. 节间吊装法

节间吊装法是指起重机在吊装工程内的一次开行中,依次节间吊装完各种类型的全部构件或大部分构件的吊装方法。即先吊完节间柱,并立即校正、固定、灌浆,然后接着吊装柱间支撑、墙梁、吊车梁、屋架、天窗架、屋面支撑、屋面板和墙板等构件。一个或几个节间的构件全部吊装完后,起重机再向前移至下一个或几个节间,再进行吊装,直至吊装完成。

节间安装法的优点是起重机开行路线短,起重机停机点少,停机一次可以完成一个节间全部构件的安装工作,可为后期工程及早提供工作面,可组织交叉平行流水作业,缩短工期;构件制作和吊装误差能及时发现并纠正;吊装完一个节间,校正固定一个节间,结构整体稳定性好,有利于保证工程质量。

节间安装法的缺点是需用起重量大的起重机同时吊装各类构件,不能充分发挥起重机效率,无法组织单一构件连续作业;各类构件需交叉配合,场地构件堆放拥挤,吊具、索具更换频繁,准备工作复杂;校正工作零碎,困难;柱子固定时间较长,难以组织连续作业,使吊装时间延长,降低吊装效率;操作面窄,易发生安全事故。

故节间安装法一般只在下列情况下采用:①吊装某些特殊结构(如门架式结构)时;②采用某些移动比较困难的起重机(如桅杆式起重机)时。

2. 分件吊装法

分件吊装法是指起重机每开行一次,仅吊装一种或几种构件,如图 4.20 所示。一般厂房分三次开行可吊装完全部构件。第一次开行,吊装柱,应逐一进行校正及最后固定;第二次开行,吊装吊车梁、连系梁及柱间支撑等;第三次开行,以节间为单位吊装屋架、天窗架和屋面板等构件。

分件吊装法的优点是起重机在每次开行中仅吊装一类构件,吊装内容单一,准备工作简单,校正方便,吊装效率高;有充分时间校正;构件可分类在现场顺序预制、排放,场外构件可按先后顺序组织供应;构件预制吊装、运输、排放条件好,易于布置;可选用起重量较小的起重机械,可利用改变起重臂杆长度的方法,分别满足各类构件吊装起重量和起升高度的要求。

分件吊装法的缺点是起重机开行频繁,机械台班费用增加;起重机开行路线长;起重臂长度改变需一定的时间,不能按节间吊装,不能为后续工程及早提供工作面,阻碍了工序的穿插;相对的吊装有时需要辅助机械设备。

故此方法只适合于一般中小厂房的吊装。

(a)

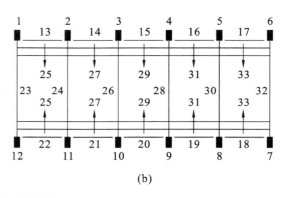

(b)

图 4.20 分件吊装法

3. 综合吊装法

综合吊装法是将全部或一个区段的柱头以下部分的构件用分件法吊装,第一次开行将全部(或一个区段)柱子吊装完毕并校正固定,杯口二次灌浆混凝土强度达到设计的 70% 后,再按顺序吊装柱间支撑、吊车梁、连系梁和墙梁,接着按一个节间、一个节间的顺序综合吊装。屋面结构构件包括屋架、天窗架、屋面板、屋面支撑系统按三次流水进行吊装。综合安装法结合了分件安装法和节间安装法的优点,能最大限度发挥起重机的能力和效率,缩短工期,故其为实践中广泛采用的一种方法。综合吊装法如图 4.21 所示。

分件吊装法和综合吊装法的对比如图 4.22 和图 4.23 所示。

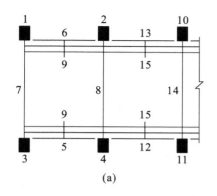

(a)

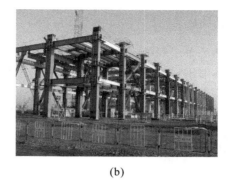

(b)

图 4.21   综合吊装法

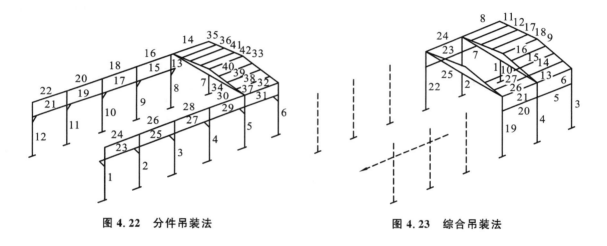

图 4.22   分件吊装法   图 4.23   综合吊装法

学习任务 2 单层钢结构安装

任务书

单层工业厂房在钢结构工程中应用非常广泛,主要采用门式刚架结构,包括了刚架柱、刚架梁、吊车梁、支撑、檩条、系杆等构件。本学习任务分别针对钢柱、吊车梁、钢梁和其他构件的现场安装展开讲解。

【能力目标】

(1)能够组织单层钢结构工程的安装施工。

(2)能对单层钢结构安装施工进行质量检验并填写相应的表格。

【知识目标】

（1）熟悉单层钢结构的安装流程。

（2）掌握钢柱、吊车梁、钢梁的安装程序及技术要求。

（3）掌握单层钢结构的安装验收标准。

学习内容

一、单层钢结构施工工艺

其中相关准备工作可参考学习任务 1 的相关内容。单层钢结构施工工艺流程图如图 4.24 所示。

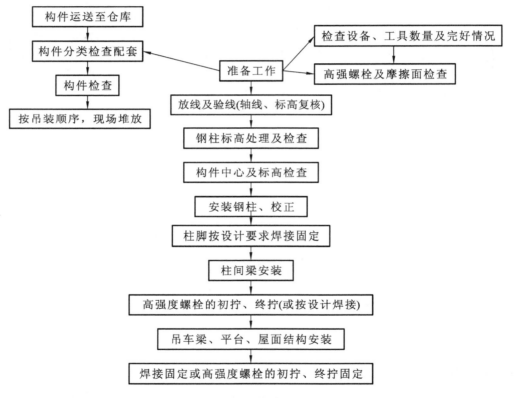

图 4.24　单层钢结构施工工艺流程图

二、钢柱安装

为了便于校正平面位置和垂直度、桁架和吊车梁的标高等,需在钢柱的底部和上部标出两个方向的轴线,在钢柱底部适当高度标出标高控制线(一般为柱底板向上 500～1 000 mm)。对不易辨别上下、左右的构件及不易区分的构件,还应在构件上加以注明,以免吊装时弄错。

对于钢柱单体构件,需经过绑扎、起吊、就位、临时固定、校正、最后固定等六个步骤完成安装全过程。

1. 绑扎

柱的绑扎位置和点数应根据柱的形状、断面、长度、配筋部位和起重机性能确定。自重 13t 以下的中小型柱常绑扎一点,重型柱或配筋少而细长的柱则需绑扎两点甚至三点。有牛腿的柱,一点绑扎的位置常选在牛腿以下,上柱较长时也可选在牛腿以上;工型断面柱的绑扎点应选在矩形断面处;双肢柱的绑扎点应选在平腹杆处。采用多点绑扎时,须计算确定绑扎点位置,使合力作用点高于柱重心。

一点绑扎一般分为斜吊绑扎法和直吊绑扎法,如图 4.25 所示。斜吊绑扎法,是指柱吊起后呈倾斜状态,由于吊索歪在柱的一边,起重钩可低于柱顶,这样起重臂较短。另外,不需翻身,也不用横吊梁。这种绑扎方法,因柱身倾斜,就位时对正底线比较困难。直吊绑扎法,是用吊索绑牢柱身,从柱子宽面两侧分别扎住卡环,再与横吊梁相连,柱吊直后,横吊梁必须超过柱顶,柱身呈直立状态,所以需要较长的起重臂。

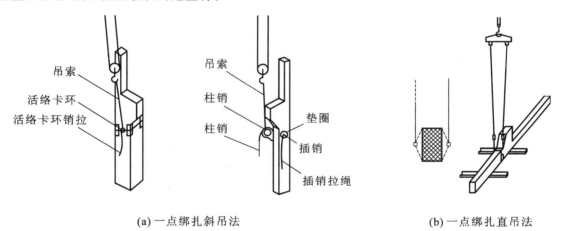

(a) 一点绑扎斜吊法   (b) 一点绑扎直吊法

图 4.25 柱子一点绑扎法

两点绑扎法如图 4.26 所示。

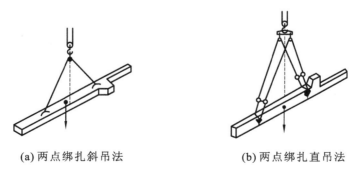

(a) 两点绑扎斜吊法   (b) 两点绑扎直吊法

图 4.26 柱子两点绑扎法

在吊索与构件之间应用麻袋或木板铺垫。

2. 起吊

起吊可采用单机和双机、三机。单机吊装柱的常用方法有旋转法和滑行法,双机抬吊的常用方法有滑行法和递送法。

1)旋转法

柱布置时柱脚靠近基础,柱的绑扎点、柱脚与基础中心三者均位于起重半径的圆弧上(即三点共弧)。起吊时,起重机边升钩、边回转,使柱绕柱脚旋转而成直立状态,吊离地面插入地脚锚栓或杯口。旋转法振动小、效率高,一般中小型柱多采用旋转法吊升,但此法对起重机的回转半径和机动性要求较高,适用于自行杆式(履带式)起重机吊装。旋转法起吊如图 4.27 所示。

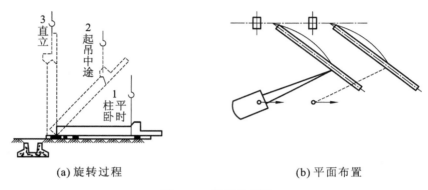

(a) 旋转过程   (b) 平面布置

图 4.27　旋转法起吊

2)滑行法

柱布置时吊点靠近杯口,柱的绑扎点与杯口中心均位于起重半径的圆弧上(即两点共弧)。起吊时,起重机只升钩、不回转,使柱脚沿地面滑行,至柱身直立吊离地面插入地脚锚栓和杯口。此方法的特点是柱的布置灵活、起重半径小、起重杆不转动,操作简单,适用于柱子较长、较重、现场狭窄或桅杆式起重机吊装。滑行法起吊如图 4.28 所示。

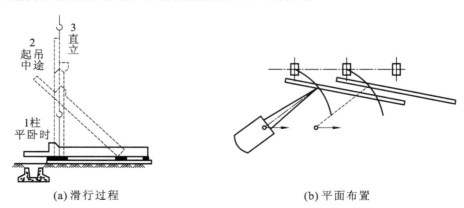

(a) 滑行过程   (b) 平面布置

图 4.28　滑行法起吊

3)递送法

柱斜向布置,起吊绑扎点尽量靠近基础。主机起吊上柱,副机起吊柱脚。随着主机起吊,副机进行跑吊和回转,将柱脚递送至基础上方,主机单独将柱子就位。递送法起吊如图 4.29所示。

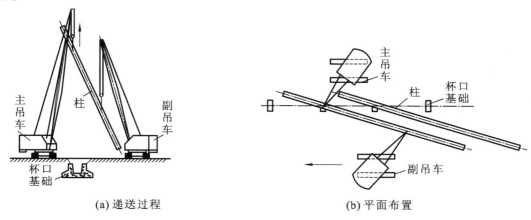

(a) 递送过程　　　　　　　　　　　　　(b) 平面布置

图 4.29　递送法起吊

3. 就位与临时固定

钢柱与基础的连接可以分为两种情况:①杯口基础;②用地脚锚栓连接。具体如图 4.30所示。

对于杯口基础,当采用直吊法时应将柱悬离杯底 30～50 mm 处对位,当采用斜吊法时则需将柱送至杯底,在吊索的一侧的杯口插入两个楔子,再通过起重机回转使其对位。对位时,在柱四周向杯口内放入八只楔子,用撬棍拨动柱脚,使吊装准线对准杯口上的吊装准线。对位后,应将塞入的 8 只楔子逐步打紧用于临时固定,以防对好线的柱脚移动。细长柱子的临时固定应增设缆风绳。

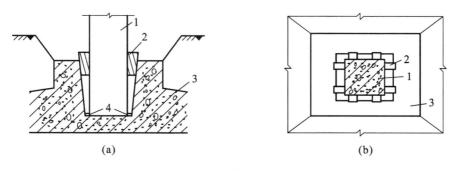

(a)　　　　　　　　　　　　　(b)

图 4.30　柱的临时固定
1—柱;2—楔子;3—基础;4—石子

采用地脚锚栓连接时,钢柱起吊后,当柱脚距地脚螺栓约 30～40 cm 时扶正,使柱脚的安装孔对准螺栓,缓慢落钩就位。经过初校,待垂直偏差在 20 mm 内时,拧紧螺栓,临时固定即可脱钩。

4. 校正

柱的校正是一项重要的工作,如果柱的吊装就位不够准确,就会影响到与柱相连接的吊车梁、屋架等构件后续吊装的准确性。柱的校正包括垂直度、平面位置和标高等工作。

(1)柱的平面位置校正在柱对位时进行,校正方法包括钢钎校正法和反推法等。钢钎校正法是将钢钎插入基础杯口下部,两边垫以旗形钢板,然后敲打钢钎移动柱脚,如图4.31所示。反推法则是假定柱偏左,需向右移,先在左边杯口与柱间空隙中部放一大锤,然后在右边杯口上放丝杠千斤顶推动柱,使其绕大锤旋转以移动柱脚,如图4.32所示。

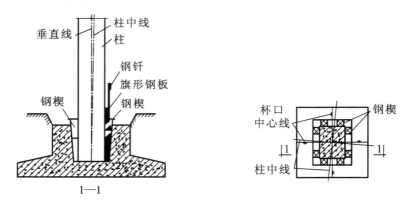

图4.31 钢钎校正法

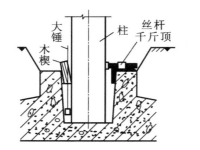
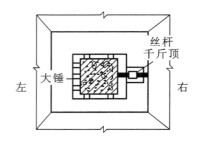

图4.32 反推法

(2)柱的标高校正在吊装前通过调整柱基基础标高时已经校正。

(3)柱的垂直偏差的检查方法,是用两架经纬仪从柱相邻的两边(视线应基本与柱面垂直)去检查柱吊装准线的垂直度,如图4.35所示。在没有经纬仪的情况下,可以用线锤进行检查。若发现柱吊装准线不垂直,则应校正垂直度。一般采用撑杆校正法(见图4.33)或千斤顶、缆风绳校正法(见图4.34)。

柱的垂直偏差校正后,除了将杯口的楔块打紧之外,还可以在杯口与柱空隙的底部填入少部分石块将柱脚卡牢,使柱的平面位置与垂直度不再发生变动。

5. 最后固定

用锚栓连接的钢柱最后固定柱脚校正无误后立即紧固地脚螺栓,待钢柱整体校正无误后再在柱脚底板下浇筑细石混凝土固定,如图4.36(b)所示。

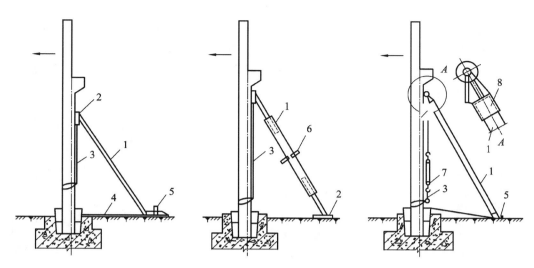

图 4.33　木杆或钢管撑杆校正垂直度

1—木杆或钢管撑杆；2—摩擦板；3—钢线绳；4—槽钢撑头；5—木楔或撬杠；6—转动手柄；7—倒链；8—钢套

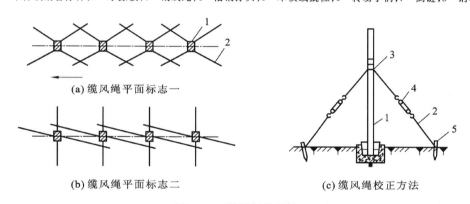

(a) 缆风绳平面标志一

(b) 缆风绳平面标志二

(c) 缆风绳校正方法

图 4.34　缆风绳校正法

1—柱；2—缆风绳用钢丝绳或钢筋；3—钢箍；4—花篮螺栓或 5 kN 倒链；5—木桩

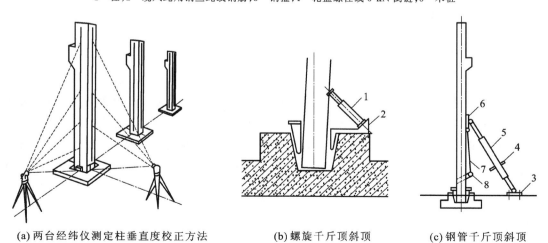

(a) 两台经纬仪测定柱垂直度校正方法　　(b) 螺旋千斤顶斜顶　　(c) 钢管千斤顶斜顶

图 4.35　柱垂直度校正

1—螺旋千斤顶；2—千斤顶支座；3—底板；4—转动手柄；5—钢管；6—头部摩擦板；7—钢丝绳；8—卡环

杯口基础固定时,校正完后应及时在柱底四周与基础杯口的空隙之间浇筑细石砼,捣固密实,使柱完全嵌固在基础内作为最后固定,如图 4.36 所示。浇筑工作分两次进行,第一次浇至楔块底面,待砼强度达 25％设计强度后,拔出楔块再第二次浇筑砼至杯口顶面,第二次灌的混凝土强度达到设计强度的 75％以后方可安装上部构件。

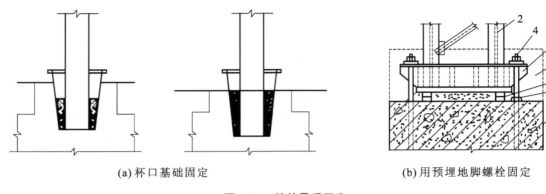

(a) 杯口基础固定　　　　　　　　　　　(b) 用预埋地脚螺栓固定

图 4.36　柱的最后固定

1—柱基础;2—钢柱;3—钢柱脚;4—地脚螺栓;5—钢垫板;6—二次灌浆细石混凝土;7—柱外包混凝土

三、钢梁安装

钢梁安装顺序为:钢梁拼接→扶直→绑扎→吊升→校正→固定。

1. 钢梁拼接

钢梁安装应在柱子校正符合规定后进行。由于运输的关系,大梁的每段尺寸在 12 m 以内,因此需要在施工现场地面先完成梁的拼接,安装好高强度螺栓,再进行钢梁的安装。钢梁现场组装时,拼装平台应平整,现场组装的平台支承点高度差不应大于 $L/1\ 000$(L 为支点间距离)。构件组装应按制作单位的编号和顺序进行,不得随意调换。组拼时应保证钢梁总长及起拱尺寸的要求。组装后经验收合格后方允许吊装。

2. 钢梁扶直

钢梁在吊装前要扶直就位,即用吊车将平卧放置的钢梁吊扶成竖立状态,然后吊放在预先设计好的地面位置上,准备起吊。门式刚架的钢梁侧向刚度较差,当屋面坡度较大时,组装成整体的人字形钢梁在扶直过程中由于自重影响可能发生扭曲。因此,在人字形钢梁扶直时必须采取一定措施。扶直钢梁时,起重机的吊钩应对准钢梁中心,吊索应左右对称,受力均匀,吊索与水平面的夹角不小于 45°,在钢梁接近扶直时,吊钩应对准钢梁两个落地端支承点连线的中点,防止钢梁摆动。

3. 钢梁绑扎

钢梁的绑扎点应左右对称,并高于钢梁重心,使钢梁起吊后基本保持水平,不晃动,不倾翻。在钢梁两端应加绳,以控制钢梁转动。一般来说,钢梁的跨度小于或等于 27 m 时绑扎两点;当钢梁的跨度大于 27 m 时需绑扎四点,并考虑采用横吊梁以减小绑扎高度。绑扎时吊索与水平线的夹角不宜小于 45°,以免钢梁承受过大的横向压力。当夹角小于 45°时,为了减少钢梁的起吊高度及所受的横向力,可采用横吊梁。横吊梁的选用应经过计算确定,以确保施工安全。

4. 钢梁吊升与临时固定

钢梁吊升是先将钢梁吊离地面约 300 mm,并将钢梁转运至吊装位置下方,然后再起钩,将钢梁提升到超过安装位置 100 mm 处,最后利用钢梁端头的溜绳,将钢梁调整对准柱头,并缓缓降至安装点,用撬棍配合进行对位。钢梁对位后,立即进行临时固定。临时固定稳妥后,起重机才可摘钩离去。钢梁的吊升如图 4.37 所示。

图 4.37　钢梁的吊升

第一榀钢梁的临时固定必须十分可靠,因为这时它只是单片结构,而且第二榀钢梁的临时固定,还要以第一榀钢梁作支撑。第一榀屋架临时固定方法,通常是用四根缆风绳从两侧将屋架拉牢,也可将屋架与抗风柱相连接作为临时固定。

第二榀屋架的临时固定是用屋架校正器撑牢在第一榀屋架上,以后各榀屋架的临时固定都是用屋架校正器撑牢在前一榀屋架上。15 m 跨以内的屋架用一根校正器,18 m 跨以上的屋架用两根校正器。

屋面梁临时固定如图 4.38 所示。

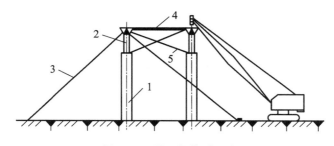

图 4.38　屋面梁临时固定
1—柱子;2—钢梁;3—缆风绳;4—工具式支撑;5—垂直支撑

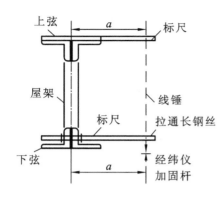

图 4.39 经纬仪检查竖向偏差

5. 钢梁校正

钢梁的竖向偏差可用经纬仪或垂球来检查。用经纬仪检查竖向偏差的方法,是在钢梁上安装三个卡尺,一个安装在上弦中点附近,另两个分别安装在钢梁的两侧,自钢梁几何中线向外量出一定距离(一般可取 500 mm),在卡尺上做出标志,如图 4.39 所示。然后在距钢梁中线的相同距离(500 mm)处设置经纬仪,观测三个卡尺上的标志是否在同一垂面上。用经纬仪检查钢梁的竖向偏差,虽然减少了高空作业,但经纬仪设置比较麻烦,所以工地上仍广泛采用垂球检查钢梁竖向偏差。用垂球检查钢梁竖向偏差法,与上述"经纬仪检查法"的步骤基本相同,但标志至钢梁几何中线的距离可以短一些(一般可取 300 mm),在两端头卡尺的标志处向下挂垂线球,检查三个卡尺标志是否在同一垂面上。

6. 钢梁最后固定

校正完成后,紧固高强度螺栓完成钢梁的最后固定。

四、吊车梁安装

吊车梁在钢柱吊装完成后,在基础杯口二次灌浆的砼强度达设计强度的 70% 以上时方可进行。对于吊车梁需要经过准备、绑扎、吊升就位与临时固定、校正、最后固定等几个步骤完成后才进行吊装。

1. 准备

用水准仪测出每根钢柱上标高观测点在柱子校正后的标高实际变化值,做好实际测量标记。根据各钢柱上搁置吊车梁的牛腿面的实际标高值,定出全部钢柱上搁置吊车梁的牛腿面的统一标高值。以统一标高值为基准,得出各钢柱上搁置吊车梁的牛腿面的实际标高差,根据各个标高差值和吊车梁的实际高差加工不同厚度的钢垫板,吊装吊车梁前,将垫板点焊在牛腿面上。

2. 绑扎

两点对称绑扎,在两端各拴一根溜绳,以牵引就位和防止吊装时碰撞钢柱。吊车梁绑扎示意图如图 4.40 所示。

3. 吊装和临时对位

吊车梁应布置于接近安装位置,使梁重心对准安装中心,安装可由一端向另一端,或从中间向两端顺序进行。吊车梁中心对准就位中心,在距支承面 200 mm 左右时应缓慢落钩,用人工扶正使吊车梁的中心线与牛腿的定位轴线对准,并将与柱子连接的螺栓全部连接后,方准许卸钩。吊车梁吊装示意图如图 4.41 所示。

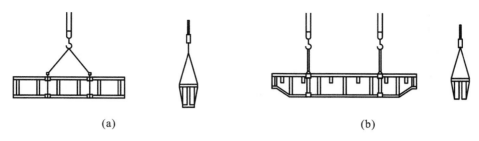

图 4.40　吊车梁绑扎示意图

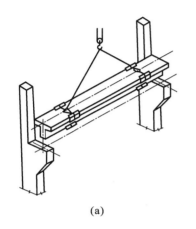

(a)

(b)

图 4.41　吊车梁吊装示意图

4. 校正

吊车梁校正一般在屋架或者屋面梁安装后进行,以免因屋架或屋面梁吊装校正引起钢柱跨间移位。吊车梁的校正包括平面位置、标高和垂直度的校正,主要是平面位置的校正。

平面位置的校正主要是检查吊车梁的纵轴线和跨距是否符合要求。其校正方法有通线法和平移轴线法,具体介绍如下。

(1)通线法也称为拉钢丝法,如图 4.42 所示。根据柱的定位轴线,在车间的两端地面定出吊车梁定位轴线的位置,打下木桩,并设置经纬仪。用经纬仪先将两端的四根吊车梁位置校正准确,用钢尺检查两列吊车梁之间的跨距是否符合设计要求。然后在四根已校正好的吊车梁端

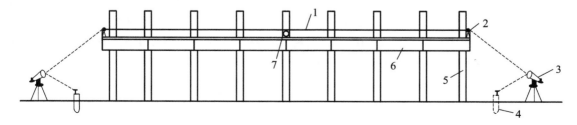

图 4.42　通线法校正吊车梁示意图

1—通线;2—支架;3—经纬仪;4—木桩;5—柱;6—吊车梁;7—圆钢

部设置支架（或垫铁），高约 200 mm，根据吊车梁的轴线拉钢丝线。发现吊车梁纵轴线与钢丝线不一致时，根据钢丝线逐根拨正吊车梁的吊装中心线。拨正吊车梁可用撬杠或其他工具。

（2）平移轴线法也称为仪器放线法，如图 4.43 所示。用经纬仪在各个柱侧面放一条与吊车梁中线距离相等的校正基准线。校正基准线至吊车梁中线距离由放线者自行决定。校正时，凡是吊车梁中线与其柱侧基线的距离不等者，用撬杠拨正即可。

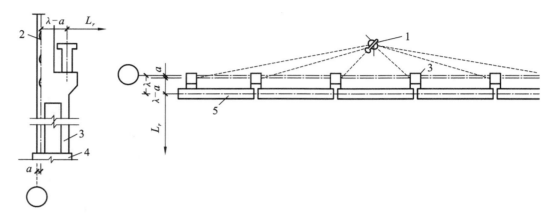

图 4.43　平移轴线法校正吊车梁示意图
1—经纬仪；2—标志；3—柱；4—基础；5—吊车梁

在同一跨吊车梁校正好之后，应用拉力计数器和钢尺检查吊车梁的跨距，其偏差值不得大于 10 mm。如果偏差过大，应按校正吊车梁中心轴线的方法进行纠正。

5. 最后固定

吊车梁校正后，应将全部安装螺栓上紧，并将支承面垫板焊接固定。

制动桁架（板）一般在吊车梁校正后安装就位，经校正后随即分别与钢柱和吊车梁用高强度螺栓连接或焊接固定。

五、紧固件连接施工

1. 普通螺栓施工及检验

普通螺栓连接对螺栓紧固轴力没有要求，主要施工机具为普通扳手，一般以操作者的手感及连接的外形控制为准。通俗来说就是一个操作工使用普通扳手靠自己的力量拧紧螺母即可，保证被连接接触面能密贴，无明显的间隙。这种紧固施工方式虽然因施工人员的不同而有很大差异，但能满足连接要求，为了使连接接头螺栓受力均匀，紧固次序应从中间开始，对称向两边进行。

普通螺栓紧固检验比较简单，一般用小锤敲击法。即用 0.3 kg 小锤，一手扶螺栓头，另一手用锤敲，要求螺栓头不偏移、不颤动、不松动，锤声比较干脆，否则说明螺栓紧固质量不好，需要重新紧固施工。另外，应保证螺栓紧固牢固、可靠，外露丝扣不少于两扣。钢结构普通紧固件连接工程检验批质量验收记录见表 4.1。

表 4.1　钢结构普通紧固件连接工程检验批质量验收记录

工程名称			检验部位		
施工单位			项目经理		监理(建设)单位验收意见
执行企业标准名称及编号					
施工质量验收规范规定			施工单位检查记录		
主控项目	1	普通螺栓作为永久性连接螺栓时,当设计有要求或对其质量有疑义时,应进行螺栓实物最小拉力载荷复验,试验方法见《钢结构工程施工质量验收规范》(GB 50205—2001)附录 B,其结果应符合现行国家标准《紧固件机械性能　螺栓、螺钉和螺柱》(GB/T 3098.1—2010)的规定	螺栓进行了见证取样,最小拉力荷载见复检报告(××××),达到 GB/T 3098.1—2010 规定	
	2	连接薄钢板采用的自攻钉、拉铆钉、射钉等其规格尺寸应与被连接钢板相匹配,其间距、边距等应符合设计要求	自攻钉、拉铆钉、射钉的规格与钢板相匹配	
一般项目	1	永久性普通螺栓紧固应牢固、可靠,外露丝扣不应少于 2 扣	永久性普通螺栓紧固牢固、可靠。外露丝扣 3~4 扣的 98%;2 扣的 2%	
	2	自攻螺钉、钢拉铆钉、射钉等与连接钢板应紧固密贴,外观排列整齐	自攻螺钉、钢拉铆钉、射钉等与连接钢板应紧固密贴,外观排列整齐	
主控项目:　　　　　　　　一般项目:					
施工单位检查评定结果	施工班组长: 专业施工员: 专职质检员: 　　　　年　月　日		监理(建设)单位验收评定结论	专业监理工程师: (建设单位项目专业技术负责人): 　　　　　　　年　月　日	

2. 高强度螺栓施工

1) 施工工艺流程

高强度螺栓施工工艺流程如图 4.44 所示。

2) 一般规定

(1) 高强度螺栓连接副有质保书,由制造厂配套供货。

(2) 高强度螺栓连接副进场复验合格。

(3) 螺栓连接安装时,在每个节点上应先穿入临时螺栓和冲钉,临时螺栓和冲钉的数量应根据安装时所承受的荷载计算确定,并应符合下列规定:① 不应少于安装孔总数的 1/3;② 临时螺栓不应少于 2 个;③ 冲钉穿入数量不宜多于临时螺栓的 30%;④ 钻后的 A、B 级螺栓孔不得使用冲钉。

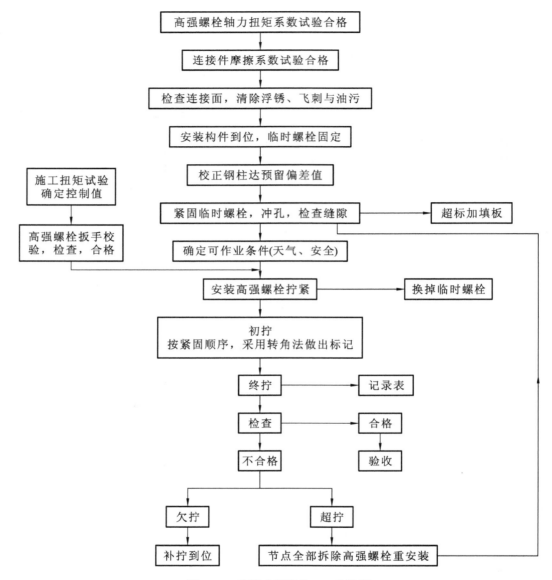

图 4.44　高强度螺栓施工工艺流程

（4）不允许使用高强度螺栓作为临时螺栓。

（5）扩孔应不大于 1.2 倍螺栓直径。

（6）高强度螺栓安装应在结构构件找正找平后进行,其穿入方向应以施工方便为准,并力求一致。

（7）施工前应对大六角头螺栓的扭矩系数、扭剪型螺栓的紧固轴力和摩擦面抗滑移系数进行复验,合格后方允许施工。

（8）大六角头高强度螺栓初拧或复拧应做好标记,防止漏拧。一般初拧或复拧后标记用一种颜色,终拧结束后用另一种颜色加以区别。

（9）大六角头高强度螺栓施拧采用的扭矩扳手应进行校准,并且均应在规定的校准有效期内使用。

（10）一个接头上的高强螺栓,应从螺栓群中部开始安装,逐个拧紧。每拧一遍均应使用不同颜色的油漆做上标记,防止漏拧。

（11）高强螺栓的紧固顺序从刚度大的部位向不受约束的自由端进行,从中间向四周进行,以便板间密贴。

（12）高强度螺栓的初拧、复拧、终拧应在同一天完成。不可在第二天以后才完成终拧。

3）高强螺栓的紧固方法

高强螺栓的紧固是使用专门的扳手拧紧螺母,使螺杆内产生设计要求的拉力。大六角头高强度螺栓一般用手动或电动扭矩扳手,而扭剪型高强度螺栓采用专门的电动扭剪扳手。常用扳手如图 4.45 所示。

(a)手动扭矩扳手　　　　　　(b)电动扭矩扳手　　　　　　(c)电动扭剪型扳手

图 4.45　常用扳手

（1）大六角头高强螺栓一般采用扭矩法和转角法拧紧,分别介绍如下。

① 扭矩法分初拧和终拧两次拧紧。初拧扭矩为终拧扭矩的 30～50%,再用终拧扭矩把螺栓拧紧。如板层较厚,板叠较多,初拧的板层达不到充分密贴,还要在初拧和终拧之间增加复拧,复拧扭矩与初拧扭矩相同或略大。

② 转角法（见图 4.46）分初拧和终拧两次拧紧。初拧用定扭矩扳手以终拧扭矩的 30～50%进行,使接头各层钢板达到充分密贴,再在螺母和螺栓杆上面通过圆心画一条直线,然后用扭矩扳手转动螺母一定角度,使螺栓达到终拧要求。转动角度的大小在施工前由试验确定。

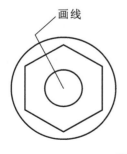 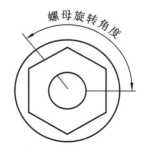

图 4.46　转角法

（2）扭剪型高强螺栓紧固分初拧和终拧两次拧紧。初拧用定扭矩扳手,以终拧扭矩的 30～50%进行,使接头各层钢板达到充分密贴,再用电动扭剪型扳手把梅花头拧掉,使螺栓杆达到设计要求的轴力。对于板层较厚,板叠较多,安装时发现连接部位有轻微翘曲的连接接头等原因使初拧的板层达不到充分密贴时应增加复拧,复拧扭矩与初拧扭矩相同或略大。

3. 高强度螺栓紧固检查

高强度螺栓终拧结束后,采用0.3～0.5 kg的小锤逐个敲击,以防漏拧。高强度螺栓连接副扭矩检验分扭矩法检验和转角法(见图4.45)检验两种,原则上检验法与施工法应相同。扭矩检验应在施拧1 h后,48 h内完成。检查完成后需要填写质量验收记录(见表4.2)。

表4.2 钢结构高强度螺栓连接工程检验批质量验收记录

工程名称				检验部位		监理(建设)单位验收意见
施工单位				项目经理		
执行企业标准名称及编号						
		施工质量验收规范规定		施工单位检查记录		
主控项目	1	钢结构制作和安装单位应按《钢结构工程施工质量验收规范》(GB 50205—2001)附录B的规定分别进行高强度螺栓连接摩擦面的抗滑移系数试验和复验,现场处理的构件摩擦面应单独进行摩擦面抗滑移系数试验,其结果应符合设计要求		高强度螺栓连接摩擦面的抗滑移系数试验复验,符合要求,试验报告×××	
	2	高强度大六角头螺栓连接副终拧完成1 h后、48 h内应进行终拧扭矩检查,检查结果应符合《钢结构工程施工质量验收规范》(GB 50205—2001)附录B规定		高强度大六角头螺栓连接副终拧完成2～20 h内应进行终拧扭矩检查,符合规范规定	
	3	扭剪型高强度螺栓连接副终拧后,除因构造原因无法使用专用扳手终拧掉梅花头者外,未在终拧中拧掉梅花头的螺栓数不应大于该节点螺栓数的5%。对所有梅花头未拧掉的扭剪型高强度螺栓连接副应采用扭矩法或转角法进行终拧并做标记,并且按前面方法进行扭矩检查		未拧掉梅花头的螺栓5颗(3%),符合要求	
一般项目	1	高强度螺栓连接副的施拧顺序和初拧、复拧扭矩应符合设计要求和《钢结构高强度螺栓连接技术规程》(JGJ 82—2011)规定		见扭矩扳手标定记录和螺栓施工记录,施拧顺序和初拧、复拧扭矩符合设计要求和《钢结构高强度螺栓连接技术规程》(JGJ 82—2011)规定	
	2	高强度螺栓连接副终拧后,螺栓丝扣外露应为2～3扣,其中允许有10%的螺栓丝扣外露1扣或4扣		螺栓丝扣外露4扣者仅为6%,其余都符合要求	
	3	高强度螺栓连接摩擦面应保持干燥、整洁,不应有飞边、毛刺、焊接飞溅物,焊疤、氧化铁皮、污垢等,除设计要求外摩擦面不应涂漆		摩擦面干燥、整洁,无飞边、毛刺、焊接飞溅物	

工程名称			检验部位		监理(建设)单位验收意见
施工单位			项目经理		
执行企业标准名称及编号					
		施工质量验收规范规定		施工单位检查记录	
一般项目	4	高强度螺栓应自由穿入螺栓孔。高强度螺栓孔不应采用气割扩孔,扩孔数量应征得设计同意,扩孔后的孔径不应超过 1.2d		高强度螺栓自由穿入螺栓孔	
	5	螺栓球节点网架总拼完成后,高强度螺栓与球节点应紧固连接,高强度螺栓拧入螺栓球内的螺纹长度不应小于 1.0d(d 为螺栓直径),连接处不应出现间隙、松动等未拧紧情况		螺栓拧入球内 1.5d,连接处无间隙,松动等现象	
		主控项目: 一般项目:			
施工单位检查评定结果	施工班组长: 专业施工员: 专职质检员: 年 月 日		监理(建设)单位验收评定结论	专业监理工程师: (建设单位项目专业技术负责人): 年 月 日	

(1)扭矩法检验。在螺尾端头和螺母相对位置画线,将螺母退回 60°左右,用扭矩扳手测定拧回至原来位置时的扭矩值。该扭矩值与施工扭矩值的偏差在 10% 以内为合格。

(2)转角法检验。检查初拧后在螺母与相对位置所画的终拧起始线和终止线所夹的角度是否达到规定值。在螺尾端头和螺母相对位置画线,然后全部拧松螺母,在按规定的初拧扭矩和终拧角度重新拧紧螺栓,观察与原画线是否重合。终拧转角偏差在 10° 以内为合格。

(3)扭剪型高强度螺栓施工扭矩检验。观察尾部梅花头拧掉的情况;尾部梅花头被拧掉者视同其终拧扭矩达到合格质量标准;尾部梅花头未被拧掉者应按上述扭矩法或转角法检验。

六、单层钢结构安装质量验收

单层钢结构安装完成后进行质量检验,并填写相应的质量验收记录,见表 4.3 和表 4.4。

表4.3 单层钢结构安装工程检验批质量验收记录（基础和支撑面）

工程名称				检验部位		
施工单位				项目经理		监理（建设）单位验收意见
执行企业标准名称及编号						

		施工质量验收规范规定			施工单位检查记录								
主控项目	1	建筑物的定位轴线、基础轴线和标高、地脚螺栓的规格及其紧固应符合设计要求			符合设计要求								
	2	基础顶面直接作为柱的支承面和基础顶面预埋钢板或支座作为柱的支承面时允许偏差(mm)符合以下规定											
		支承面	标高	± 3.0									
			水平度	$L/1000$									
		地脚螺栓（锚栓）		5.0									
		预留孔中心偏移		10.0									
	3	采用从浆垫板时,坐浆垫板允许偏差(mm)符合以下规定											
		顶面标高		0.0,−3.0									
		水平度		$L/1000$									
		位置		20.0									
	4	采用杯口基础时,杯口尺寸允许偏差(mm)符合以下规定											
		底面标高		0.0,−5.0									
		杯口深度 H		± 5.0									
		杯口垂直度		$H/100$ 且≤10.0									
		位置		10.0									
一般项目	地脚螺栓（锚栓）尺寸允许偏差/mm	螺栓（锚栓）露出长度		−30.0,0.0									
		螺纹长度		−30.0,0.0									

主控项目：　　　　　　　　　一般项目：

施工单位检查评定结果	施工班组长： 专业施工员： 专职质检员： 　　　　　　　年　月　日	监理（建设）单位验收评定结论	专业监理工程师： （建设单位项目专业技术负责人）： 　　　　　　　年　月　日

表 4.4 单层钢结构安装工程检验批质量验收记录（安装和校正）

工程名称				检验部位			监理（建设）
施工单位				项目经理			单位验收
执行企业标准名称及编号							意见
		施工质量验收规范规定				施工单位检查记录	

		施工质量验收规范规定			施工单位检查记录		监理（建设）单位验收意见
主控项目	1	钢构件应符合设计要求及规范规定。运输、堆放、吊装等造成的钢构件的变形及涂层脱落应进行矫正和修补			钢构件符合设计和规范规定，见构件报验单×××		
	2	设计要求顶紧的节点，接触面不应少于70%紧贴，且边缘最大间隙≤0.8 mm			顶紧节点80%的接触面紧贴，边缘最大间隙0.6 mm		
	3	钢屋（托）架、桁架、梁及受压杆件允许偏差/mm	跨中垂直度	$h/250$,且≤15			
			侧向弯曲矢高	$L≤30$ m $L/1000$,且≤10			
				30 m$<L≤60$ m $L/1000$,且≤30			
				$L>60$ m $L/1000$,且≤50			
	4	主体结构允许偏差/mm	整体垂直度	$H/1000$,且≤25.0			
			平面弯曲	$L/1500$,且≤25.0			
一般项目	1	钢柱等主要构件中心线及标高基准点标记应齐全			钢柱中心线、标高基准标高齐全		
	2	钢桁架（梁）的安装偏差/mm	安装在混凝土柱上时，支座中心偏差≤10				
			大型混凝土屋面板时，桁架（梁）间距偏差≤10				
	3	现场焊缝组对间隙允许偏差/mm	无垫板	$+3.0,0.0$			
			有垫板	$+3.0,-2.0$			
	4	钢结构表面应干净，不应有疤痕、泥沙等污垢			表面干净，无疤痕、泥沙		
	5	钢吊车梁安装允许偏差/mm	梁的跨中垂直度 Δ	$h/500$			
			侧向弯曲矢高	$L/1500$且≤10.0			
			垂直上拱矢高	10.0			
		两端支座中心位移 Δ	安装在钢柱上时，对牛腿中心的偏移	5.0			
			安装在混凝土柱上时，对定位轴线的偏移	5.0			
			吊车梁支座加劲板中心与柱子承压加劲板中心偏移 Δ_1	$t/2$			
		同跨间内同一横截面吊车梁顶面高差	支座处	10.0			
			其他处	15.0			
		同跨间内同一横截面下挂式吊车梁底面高差 Δ		10.0			
		同列相邻两柱间吊车梁顶面高差 Δ		$L/1500$且≤10.0			
		相邻两吊车梁接头部位 Δ	中心错位	3.0			
			上承式顶面高差	1.0			
			下承式底面高差	1.0			
		同跨间任一截面的吊车梁中心跨距		$±10.0$			
		轨道中心对吊车梁腹板轴线的偏移		$t/2$			

工程名称					检验部位				
施工单位					项目经理			监理（建设）	
执行企业标准名称及编号								单位验收	
施工质量验收规范规定					施工单位检查记录			意见	

一般项目	6	单层钢结构柱子安装的允许偏差/mm	柱脚底座中心线对定位轴线的偏移			5.0				
			柱基准点标高	有吊车梁的柱		+3.0，−5.0				
				无吊车梁的柱		+5.0，−8.0				
			弯曲矢高			$H/1200$ 且 ≤15.0				
			柱轴线垂直度	单节柱	H≤10 m	$H/1000$				
					H>10 m	$H/1000$ 且 ≤25.0				
				多节柱	单节柱	$H/1000$ 且 ≤10.0				
					柱全高	35.0				
	7	墙架檩条等次要构件安装允许偏差/mm	墙架立柱	中心线对定位轴线偏移		10.0				
				垂直度		$H/1000$ 且 ≤10.0				
				弯曲矢高		$H/1000$ 且 ≤15.0				
			抗风桁架的垂直度			$h/250$，且 ≤15.0				
			檩条、墙梁间距			±5.0				
			檩条的弯曲矢高			$L/750$，且 ≤12.0				
			墙梁的弯曲矢高			$L/750$，且 ≤10.0				
	8	钢平台钢梯和防护栏杆安装允许偏差/mm	平台高度			±15.0				
			平台梁水平度			$L/1000$，且 ≤20.0				
			平台支柱垂直度			$H/1000$ 且 ≤15.0				
			承重平台梁侧向弯曲			$L/1000$，且 ≤10.0				
			承重平台梁垂直度			$h/250$，且 ≤15.0				
			直梯垂直度			$L/1000$，且 ≤15.0				
			栏杆高度			±15.0				
			栏杆立柱间距			±15.0				

主控项目：　　　　　　　　　　一般项目：

施工单位检查评定结果	施工班组长： 专业施工员： 专职质检员： 　　　　　　　年　　月　　日	监理（建设）单位验收评定结论	专业监理工程师： （建设单位项目专业技术负责人）： 　　　　　　　年　　月　　日

学习任务3 多层与高层钢结构安装

　　高层钢结构建筑主要是用于办公、旅馆、贸易等,一般都建于大城市的繁华地区,其安装有自己的特点。通过本任务的学习,应达到以下学习目标。

【能力目标】

(1)能够组织多、高层钢结构工程的安装施工。

(2)能对多、高层钢结构安装施工进行质量检验并填写相应表格。

【知识目标】

(1)熟悉多高层钢结构的结构体系和安装流程。

(2)掌握钢柱、钢梁、标准框架体的安装程序及技术要求。

(3)掌握多高层钢结构的安装验收标准。

学习内容

一、多高层钢结构体系

1. 框架结构

　　框架结构的特点是平面布置灵活,可为提供较大的室内空间,结构各部分刚度比较均匀。框架结构布置图如图 4.47 所示,框架结构建筑实物图如图 4.48 所示。

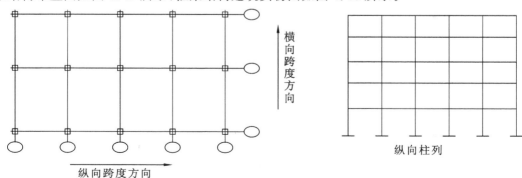

图 4.47　框架结构布置图

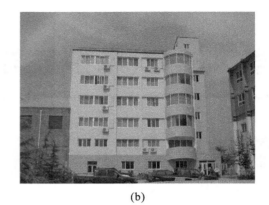

(a)　　　　　　　　　　　　　　　　(b)

图 4.48　某框架钢结构建筑

2. 框架-支撑结构体系

纯框架结构的侧移不满足要求时,可以采用带支撑的框架,即在框架体系中,沿结构的纵、横两个方向布置一定数量的支撑,如图 4.49 所示。

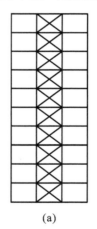
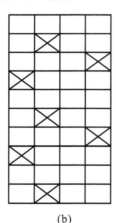
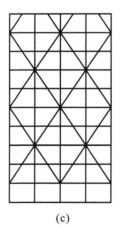

(a)　　　　　　　　　　　(b)　　　　　　　　　　　(c)

图 4.49　框架-支撑结构体系

3. 框架-剪力墙结构体系

在框架结构中布置一定数量的剪力墙可以组成框架-剪力墙结构体系,这种结构以剪力墙作为抗侧力结构,既具有框架结构平面布置灵活、使用方便的特点,又有较大的刚度,可用于 40 至 60 层的高层钢结构。剪力墙包括钢筋混凝土剪力墙和钢板剪力墙等。框架-剪力墙结构体系如图 4.50 所示。

4. 框架-核心筒结构体系

框架-核心筒结构体系是将框架-剪力墙结构体系中的剪力墙结构设置于内筒的四周形成封闭的核心筒体,而外围钢框架柱柱网较密,形成框架-核心筒体系。中心筒体既可采用钢结构亦可采用钢筋混凝土结构,核心筒体承担全部或大部分水平力及扭转力。楼面多采用钢梁、压型

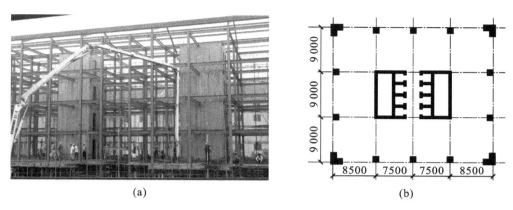

图 4.50　框架-剪力墙结构体系

钢板与现浇混凝土组成的组合结构,与内外筒均有较好的连接,水平荷载将通过刚性楼面传递到核心筒。钢与钢筋混凝土筒体结构的水平刚度取决于核心筒的高宽比。

5．筒体结构

筒体结构由内、外两个筒体(筒中筒体系)或多个筒体结构(束筒体系)组合而成,如图 4.51所示,共同抵抗水平力,具有很好的空间作用,适用于 90 层左右的钢结构建筑。

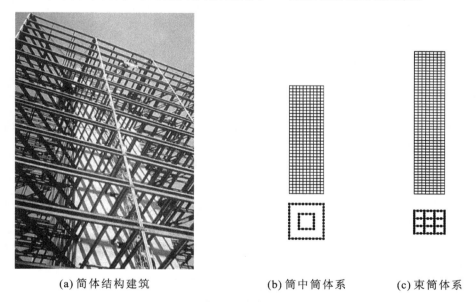

(a)筒体结构建筑　　　　(b)筒中筒体系　　　　(c)束筒体系

图 4.51　筒体结构

二、多高层钢结构构件

1．钢柱

高层钢结构钢柱的主要截面形式有箱形断面、H 形断面和十字形断面,一般都是焊接截面,热轧型钢使用较少。就结构体系而言,筒中筒结构、钢混凝土混合结构和型钢混凝土结构多采用 H 形柱,其他多采用箱形柱;十字形柱则用于框架结构底部的型钢混凝土框架部分。

2. 钢梁

高层钢结构的梁的用钢量约占结构总用钢量的 65%,其中主梁占 35%～40%。因此梁的布置力求合理,连接简单,规格少,以利于简化施工和节省钢材。梁较多采用工字截面钢,受力小时也可采用槽钢,受力很大时则采用箱形截面钢,但其连接非常复杂。

3. 墙面工程和楼面工程

高层钢结构中,楼面由钢梁和混凝土楼板组成,它有传递垂直荷载和水平荷载的结构功能。楼面应当轻质,并有足够的刚度,易于施工,为结构安装提供方便,尽可能快地为后继防火、装修和其他工程创造条件。高层钢结构中,楼板种类有压型钢板现浇楼板、钢筋混凝土叠合楼板、预制楼板和现浇楼板等。

2. 墙面工程

高层钢框架体系一般采用在钢框架内填充与钢框架有效连接的剪力墙板(亦称框架-剪力墙结构)。这种剪力墙板可以是预制钢筋混凝土墙板、带钢支撑的预制钢筋混凝土墙板或钢板墙板,墙板与钢结构的连接用焊接或高强度螺栓固定,也可以是现浇的钢筋混凝土剪力墙。

为减轻自重,对非承重结构的隔墙、围护墙等,一般广泛采用各种轻质材料,如加气混凝土、石膏板、矿渣棉、塑料、铝板、玻璃围幕等。

三、高层钢结构安装

1. 一般规定

(1)凡在地面拼装的构件,须设置拼装架组拼(立拼),易变形的构件应先进行加固,组拼后的尺寸经校检无误后,方可安装。

(2)钢结构构件的组合件因其形状、尺寸不同,可通过计算重心来确定吊点,并可采用两点、三点或四点吊装。

(3)钢构件的零件及附件应随构件一同起吊,对尺寸较大、质量较大的节点板,应使用铰链固定在构件上;钢柱上的爬梯,大梁上的轻便走道也应牢固固定在构件上。

(4)每个流水段一节柱的全部钢结构构件安装完毕并验收合格后,才能进行下一流水段钢结构的安装。

(5)在安装前、安装中及竣工后均应采取一定的测量手段来保证工程的安装质量。

(6)当天安装的构件,应形成空间稳定体系,以确保安装质量和结构的安全。当一节柱的各层梁安装校正后,应立即安装本节各层楼梯,铺好各层楼面的压型钢板。预制外墙板应根据建筑物的平面形状对称安装,使建筑物各侧面均匀加载。楼面上的施工荷载不得超过梁和压型钢板的承载力。叠合楼板的施工应随着钢结构的安装进度进行,两个工作面相距不宜超过 5 个楼层。

2. 多、高层钢结构安装工艺流程

多、高层钢结构安装工艺流程如图 4.52 所示。

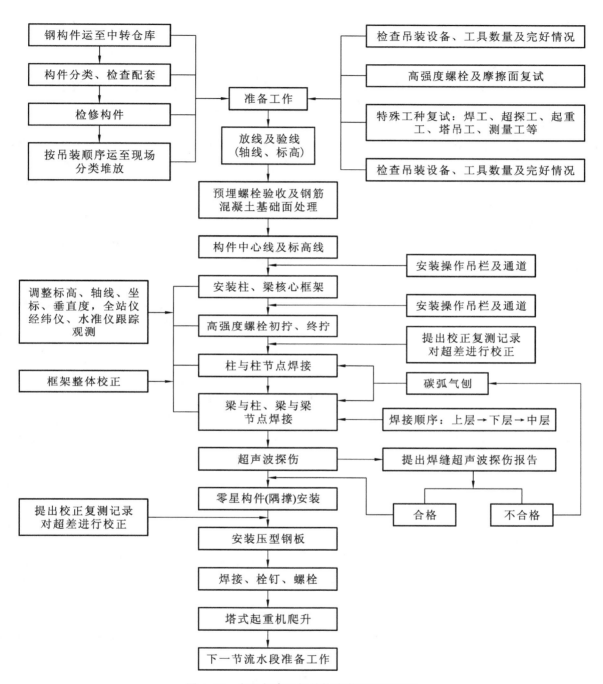

图4.52 多层与高层钢结构安装工艺流程图

3. 安装准备

1）安装机械的选择

高层钢结构安装都使用塔式起重机,使用塔式起重机应注意以下几点:①塔式起重机的臂杆足够长,以使其具有足够的覆盖面;②要有足够的起重能力,满足不同部位构件的起吊要求;

③钢丝绳容量应满足起吊高度要求；④起吊速度应有足够挡位，满足安装需要；⑤多机作业时，相互之间应有足够的高差，互不碰撞。

2）安装流水段的划分

高层钢结构安装需按照建筑物平面形状、结构形式、安装机械数量和位置等划分流水段。

（1）平面流水段划分应考虑钢结构安装过程中的整体稳定性和对称性，安装顺序一般由中央向四周扩展，以减少焊接误差。

（2）立面流水段划分，一般以一节钢柱高度内所有构件作为一个流水段。每个流水段先满足以主梁或钢支撑带状桁架安装成框架的原则，再进行次梁、楼板及非结构构件的安装。塔式起重机的提升、顶升与锚固均应满足组成框架的需要。钢柱的分节长度取决于加工条件、运输工具和钢柱重量。钢柱长度一般为 12 m 左右，重量不大于 15 t，一节柱的高度多为 2～4 个楼层。

3）标高块设置及柱底灌浆

（1）标高块设置。柱基表面采取设置临时支承标高块的方法来保证钢柱安装控制标高，要根据荷载大小和标高块材料强度确定标高块的支承面积。

（2）柱底灌浆。一般在第一节钢框架安装完成后即可开始紧固地脚螺栓并进行灌浆。灌浆前必须对柱基进行清理，立模板，用水冲洗基础表面，排除积水，螺孔处必须擦干，然后用自流平砂浆连续浇灌，一次成型，到时试压，作为验收资料完成流出的砂浆应清除干净，加盖草包养护。

4. 安装顺序

安装多采用综合法，其顺序一般是：在平面内从中间的一个节间（标准节框架）开始，以一个节间的柱网为一个安装单元，先安装柱，后安装梁，然后往四周扩展。垂直方向自下而上组成稳定结构后分层次安装次要构件，按照一节间一节间钢框架、一层楼一层楼的顺序完成安装，以便消除安装误差的累积和焊接变形，使误差降低到最小限度。筒体结构的安装顺序一般为先内筒后外筒，对称结构采用全方位对称安装方案。凡有钢筋混凝土内筒体的结构，应先浇筑筒体。

5. 钢柱安装

1）钢柱吊装

（1）吊点设置。

吊点位置及吊点数，根据钢柱形状、断面、长度、起重机性能等具体情况确定。一般钢柱弹性和刚性都很好，吊点采用一点正吊。吊点设置在柱顶处，柱身竖直，吊点通过柱重心位置，易于起吊、对线、校正。

（2）起吊方法。

① 多层与高层钢结构工程中，钢柱一般采用单机起吊，对于特殊或超重的构件，也可采取双机抬吊。

② 起吊时钢柱必须垂直，尽量做到回转扶直，根部不拖。起吊回转的过程中应注意避免同其他已吊好的构件相碰撞，吊索应有一定的有效高度。

③ 第一节钢柱是安装在柱基上的，钢柱安装前应将登高爬梯和挂篮等挂设在钢柱预定位置并绑扎牢固，起吊就位后临时固定地脚螺栓，校正垂直度。钢柱两侧装有临时固定用的连接板，上节钢柱对准下节钢柱柱顶中心线后，即用螺栓固定连接板做临时固定；其他各节钢柱都安装在下节钢柱的柱顶（采用对接焊），钢柱两侧有临时固定用的连接板，上节钢柱对准下节钢柱柱顶中心线后，即用螺栓固定连接板进行临时固定。钢柱安装到位，对准轴线，必须等地脚螺栓固

定后才能松开吊索。

（3）钢柱校正。

钢柱校正要做以下三件工作：柱基标高调整、柱基轴线调整和柱身垂直度校正。下面具体介绍一下钢柱校正的流程。

① 柱基标高调整。

放上钢柱后，利用柱底板下的螺母或标高调整块控制钢柱的标高（因为有些钢柱过重，螺栓和螺母无法承受其重量，故柱底板下需加设标高调整块，用于钢板调整标高），精度可达到±1 mm。柱底板下预留的空隙，可以用高强度、微膨胀、无收缩砂浆以捻浆法填实。现在有很多高层钢结构地下室部分钢柱是劲性钢柱，钢柱的周围都布满了钢筋，调整标高和轴线时，都要适当地将钢筋梳理开，才能进行，操作起来更困难一些。

② 第一节柱底轴线调整。

对线方法为：在起重机不松钩的情况下，将柱底板上的四个点与钢柱的控制轴线对齐缓慢降落至设计标高位置。如果这四个点与钢柱的控制轴线有微小偏差，可借线。

③ 第一节柱身垂直度校正。

第一节柱身垂直度校正采用缆风绳校正方法。用两台呈 90°的经纬仪找垂直。在校正过程中，不断微调柱底板下螺母，直至校正完毕，将柱底板上面的两个螺母拧上，缆风绳松开不受力，柱身呈自由状态，再用经纬仪复核，若有微小偏差，再重复上述过程，直至无误，将上螺母拧紧。地脚螺栓上螺母一般用双螺母，可在螺母拧紧后，将螺母与螺杆焊实。

④ 柱顶标高调整和其他节框架钢柱标高控制。

柱顶标高调整和其他节框架钢柱标高控制可采用如下两种方法：①按相对标高安装；②按设计标高安装。一般采用相对标高安装。钢柱吊装就位后，用大六角高强度螺栓固定连接上下钢柱的连接耳板，但不能拧得太紧，通过起重机起吊，撬棍可微调柱间间隙。量取上、下柱顶预先标定的标高值，符合要求后打入钢楔并点焊限制钢柱下落，考虑到焊缝及压缩变形，标高偏差应调整至 4 mm 以内。

⑤ 第二节柱轴线调整。

为了使上、下柱不出现错口，应尽量使上下柱中心线重合。如果有偏差，钢柱中心线的偏差调整应控制在每次 3 mm 以内；如果偏差过大，应分 2～3 次调整。

> **注意**：每一节钢柱的定位轴线决不允许使用下一节钢柱的定位轴线，应从地面控制线引至高空，以保证每节钢柱的安装正确无误，避免产生过大的累积误差。

⑥ 第二节钢柱垂直度校正。

钢柱垂直度校正的重点是对钢柱有关尺寸的预检，即对影响钢柱垂直度因素的预先控制，具体步骤如下。

● 第一步，采用无缆风绳校正。在钢柱偏斜方向的一侧打入钢楔或顶升千斤顶。

> **注意**：注意：临时连接耳板的螺栓孔应比螺栓直径大 4 mm，利用螺栓孔扩大足够余量，调节钢柱制作误差 −1 mm～+5 mm。

● 第二步：将标准框架体的梁安装上。先安装上层梁，再安装中、下层梁，安装过程会对柱垂直度有影响，可采用钢丝绳缆索（只适宜跨内柱）、千斤顶、钢楔和手拉葫芦进行，其他框架柱依标准框架体向四周发展,其方法与上述相同。

6. 钢梁安装工艺

(1)钢梁采用两点起吊,一般在钢梁上翼缘处开孔,作为吊点。吊点位置取决于钢梁的跨度。为了加快吊装速度,对质量较小的次梁和其他小梁,常利用多头吊索一次吊装数根。安装前根据规定装好扶手杆和扶手绳,待主梁吊装就位后,将扶手绳与钢柱系牢,以保证施工人员的安全。

(2)钢梁吊装宜采用专用卡具,而且必须保证钢梁在起吊后为水平状态。

(3)一节柱一般有2层、3层或4层梁,原则上竖向构件由上向下逐件安装,由于上部和周边都处于自由状态,易于安装且能够保证质量。一般在钢结构安装的实际操作中,同一列柱的钢梁从中间跨开始对称地向两端扩展安装,同一跨钢梁,先安装上层梁再安装中下层梁。

(4)在安装柱与柱之间的主梁时,会把柱与柱之间的开档撑开或缩小。测量必须跟踪校正,预留偏差值,留出节点焊接收缩量。

(5)柱与柱节点和梁与柱节点的焊接,以互相协调为宜。一般可以先焊一节柱的顶层梁,再从下向上焊接各层梁与柱的节点。柱与柱的节点可以先焊,也可以后焊。

(6)次梁根据实际施工情况一层一层安装完成。

7. 标准节框架安装方法

高层钢结构中,由于楼层使用要求的不同和框架结构受力因素的影响,其钢结构的布置和规格也相应而异。例如,底层用于公共设施则楼层较高,受力关键部位则设置水平加强结构的楼层;管道布局集中区则增设技术楼层,为便于宴会、集体活动各娱乐等需设置大空间宴会厅和旋转厅等。这些楼层的钢构件的布置都是不同的,这是钢结构安装施工的特点之一。但是多数楼层的使用要求是一样的,钢结构布置也基本一致,称为钢结构框架的"标准节框架"。标准节框架安装方法有以下两种。

1)节间综合安装法

此方法是在标准节框架中,选择一个节间作为标准间。安装4根钢柱后立即安装框架梁、次梁和支承等,由下而上逐间构成空间标准间,并进行校正和固定。然后以此标准间为基准,按规定方向进行安装,逐步扩大框架,每立2根钢柱,就安装1个节间,直至施工层完成。国外多采用节间综合安装法,随吊随运,现场不设堆场,每天提出供货清单,每天安装完毕。这种安装方法对现场管理要求严格,供货交通必须保证畅通,在构件运输有保证的条件下才能获得最佳效果。

2)按构件分类大流水安装法

此方法是在标准节框架中先安装钢柱,再安装框架梁,然后安装其他构件,按层进行,从下而上,最终形成框架。国内目前多数采用此方法,主要原因是:①影响钢构件供应的因素较多,不能按照综合安装供应钢构件;②在构件不能按计划供应的情况下尚可继续进行安装,有机动的余地;③管理和生产工人容易适应。

上述两种不同的安装方法,各有利弊,但是只要构件供应能够确保,构件质量合格率高,其生产工效的差异不大,可根据实际情况进行选择。

在标准节框架安装中,要进一步划分主要流水区和次要流水区。划分原则是以框架可进行整体校正为基础,塔式起重机爬升部位为主要流水区,其余为次要流水区,安装施工工期的长短取决于主要流水区。一般情况下主要流水区内构件由钢柱和框架梁组成,其间的次要构件可后安装,主要流水区构件一经安装完成,即开始框架整体校正。

四、多、高层钢结构安装质量验收

多、高层安装完成后进行质量检验,并应填写相应的质量验收记录(见表 4.5 和表 4.6)。

表 4.5　多层钢结构安装工程检验批质量验收记录　(基础和支承面)

工程名称					检验部位			
施工单位					项目经理			监理(建设)单位验收意见
执行企业标准名称及编号								
施工质量验收规范规定					施工单位检查记录			
主控项目	1	建筑物的定位轴线、基础上柱的定位轴线和标高、地脚螺栓(锚栓)的规格和位置及其紧固应符合设计要求。设计无要求时,允许偏差(mm)应符合以下规定						
		建筑物的定位轴线	$H/20000$,且$\leqslant 3.0$					
		基础上柱定位轴线	1.0					
		基础上柱标高	± 2.0					
		地脚螺栓(锚栓)位移	2.0					
	2	基础顶面直接作为柱的支承面、基础顶面预埋钢板或支座作为柱的支承面时允许偏差(mm)应符合以下规定						
		支承面	标高	± 3.0				
			水平度	$L/1000$				
		地脚螺栓(锚栓)	5.0					
		预留孔中心偏移	10.0					
	3	采用坐浆垫板时,坐浆垫板允许偏差(mm)应符合以下规定						
		顶面标高	0.0,-3.0					
		水平度	$L/1000$					
		位置	20.0					
	4	采用杯口基础时,杯口尺寸允许偏差(mm)应符合以下规定						
		底面标高	0.0,-5.0					
		杯口深度 H	± 5.0					
		杯口垂直度	$H/100$ 且$\leqslant 10.0$					
		位置	10.0					
一般项目	地脚螺栓(锚栓)尺寸允许偏差/mm	螺栓(锚栓)露出长度	$-30.0,0.0$					
		螺纹长度	$-30.0,0.0$					
主控项目:				一般项目:				
施工单位检查评定结果	施工班组长: 专业施工员: 专职质检员: 　　　　　年　月　日			监理(建设)单位验收评定结论	专业监理工程师: (建设单位项目专业技术负责人): 　　　　　年　月　日			

表 4.6　多层及高层钢结构安装工程检验批质量验收记录（安装和校正）

工程名称				检验部位		
施工单位				项目经理		监理（建设）单位验收意见
执行企业标准名称及编号						
		施工质量验收规范规定			施工单位检查记录	
主控项目	1	钢构件应符合设计要求及规范规定。运输、堆放和吊装等造成的钢构件的变形及涂层脱落，应进行矫正和修补			钢结构构件符合设计和规范规定，见构件进场报验单×××	
	2	柱子安装允许偏差/mm	底层柱柱底轴线对定位轴线偏移	3.0		
			柱子定位轴线	1.0		
			单节柱的垂直度	$H/1000$，且$\leqslant 10.0$		
	3	设计要求顶紧的节点，接触面不应少于70%紧贴，且边缘最大间隙不应大于 0.8 mm			顶紧节点 80% 接触面紧贴边缘最大间隙 0.6 mm	
	4	钢屋主、次梁及受压杆件允许偏差/mm	跨中垂直度	$H/250$，且$\leqslant 15.0$		
			侧向弯曲矢高 $L\leqslant 30$ m	$L/1000$，且$\leqslant 10.0$		
			30 m$<L\leqslant 60$ m	$L/1000$，且$\leqslant 30.0$		
			$L>60$ m	$L/1000$，且$\leqslant 50.0$		
	5	主体结构尺寸允许偏差/mm	整体垂直度	$(H/2500+10.0)$，且$\leqslant 50.0$		
			整体平面弯曲	$L/1500$，且$\leqslant 25.0$		
一般项目	1	钢柱等主要构件中心线及标高基准点标记应齐全			钢柱、主梁的中心线标高基准点标识齐全	
	2	钢结构表面应干净，不应有疤痕、泥沙等污垢			表面干净、无疤痕、泥沙	
	3	构件安装允许偏差/mm	上、下柱连接处的错口	3.0		
			同一层柱的各柱顶高度差	5.0		
			同一根梁两端顶面的高差	$L/1000$且$\leqslant 10$		
			主梁与次梁的表面高差	± 2.0		
			压型金属板在钢梁上相邻列错位	15.0		
		钢结构构件安装在混凝土柱上时允许偏差/mm	支座中心对定位轴线	$\leqslant 10$		
			大型混凝土屋面板钢梁（或桁架）间距			
	4	主体结构总高度的允许偏差/mm	用相对标高控制安装	$\pm\sum(\Delta h+\Delta z+\Delta w)$		
			用设计标高控制安装	$H/1000$，且$\leqslant 30.0$ $-H/1000$，且$\geqslant -30.0$		

续表

工程名称					检验部位			
施工单位					项目经理			监理(建设)
执行企业标准名称及编号								单位验收意见

		施工质量验收规范规定			施工单位检查记录						监理(建设)单位验收意见
一般项目	5 钢吊车梁或直接承受动力荷载的类似允许偏差/mm	梁的跨中垂直度Δ		$H/500$							
		侧向弯曲矢高		$L/1500$ 且≤10.0							
		垂直上拱矢高		10.0							
		两端支座中心位移	安装在钢柱上,对牛腿中心	5.0							
			安装在混凝土柱上,对定位轴线	5.0							
		吊车梁支座加劲板中心与柱子承压加劲板中心偏移 Δ_1		$t/2$							
		同跨间内同一横截面吊车梁顶面高差Δ	支座处	10.0							
			其他处	15.0							
		同跨间内同一横截面下挂式吊车梁底面高差Δ		10.0							
		同列相邻两柱间吊车梁顶面高差Δ		$L/1500$ 且≤10.0							
		相邻两吊车梁接头部位Δ	中心错位	3.0							
			上承式顶面高差	1.0							
			下承式底面高差	1.0							
		同跨间任一截面的吊车梁中心跨距Δ		±10.0							
		轨道中心对吊车梁腹板轴线的偏移Δ		$t/2$							
	6 墙架檩条次要构件安装允许偏差/mm	墙架立柱	中心线对定位轴线偏移	10.0							
			垂直度	$H/1000$ 且≤10.0							
			弯曲矢高	$H/1000$ 且≤15.0							
		抗风桁架的垂直度		$H/250$,且≤15.0							
		檩条,墙梁间距		±5.0							
		檩条的弯曲矢高		$L/750$,且≤12.0							
		墙梁的弯曲矢高		$L/750$,且≤10.0							
	7 钢平台钢梯和防护栏杆安装允许偏差/mm	平台高度		±15.0							
		平台梁水平度		$L/1000$,且≤20.0							
		平台支柱垂直度		$H/1000$ 且≤15.0							
		承重平台梁侧向弯曲		$L/1000$,且≤10.0							
		承重平台梁垂直度		$H/250$,且≤15.0							
		直梯垂直度		$L/1000$,且≤15.0							
		栏杆高度		±15.0							
		栏杆立柱间距		±15.0							

工程名称				检验部位		
施工单位				项目经理		监理(建设)
执行企业标准名称及编号						单位验收
施工质量验收规范规定				施工单位检查记录		意见
一般项目	8	现场焊缝组对间隙的允许偏差/mm	无垫板间隙	+3.0,0.0		
			有垫板间隙	+3.0,−2.0		
主控项目:			一般项目:			
施工单位检查评定结果	施工班组长: 专业施工员: 专职质检员: 年 月 日			监理(建设)单位验收评定结论	专业监理工程师: (建设单位项目专业技术负责人): 年 月 日	

学习拓展

一、网架结构体系

网架结构一般是以大致相同的格子或尺寸较小的单元(重复)组成的,网架结构既可用于体育馆、俱乐部、展览馆、影剧院、车站候车大厅等公共建筑,近年来也越来越多地用于仓库、飞机库、厂房等工业建筑中。按照网架组成情况的不同,可分为由两向或三向平面桁架组成的交叉桁架体系、由三角锥体或四角锥体组成的空间角锥体系等。

二、网架结构安装

网架结构安装有以下几种方法。

(1)整体吊装法:是将网架在地面错位拼装后,使用起重机吊装、高空旋转就位安装的方法,如图 4.53 所示。

(a)地面拼装　　　　　　　(b)四机抬吊　　　　　　　(c)整体吊装

图 4.53　整体吊装法

(2)分条分块吊装法:是为适应起重机械的起重能力和减少高空拼装工作量,将屋盖划分为若干单元,在地面拼装成条状或块状扩大组合单元体后,用起重机械或设在双肢柱顶的起重设备(如钢带提升机、升板机等)垂直吊升或提升到设计位置上,拼装成整体网架结构的安装方法,如图 4.54 所示。

　　(3) 高空滑移法:是将网架条状单元组合体在建筑物上空进行水平滑移对位总拼的一种施工方法。其主要适用于网架支撑结构为周边承重墙或柱上有现浇钢筋混凝土圈梁的情况。按滑移方式分逐条滑移法和逐条累积滑移法两种。国家体育总局训练局比赛馆屋盖采用钢网壳结构,5 榀跨度 50 m 的主桁架及檩条等结构采用液压同步累积滑移工艺安装,滑移总重量约 500 t。高空滑移法安装如图 4.55 所示。

图 4.54　分条吊装法

　　(4) 整体提升法:是在地面将承重结构拼装后,利用提升设备将其整体提升到设计标高安装就位,根据提升设备的不同分为滑模提升、桅杆提升和升板机提升等。

(a) 滑道

(b) 滑移施工

图 4.55　高空滑移法

　　例如,北京航空航天大学教学科研楼的空中钢结构连廊跨度 60 m 采用整体提升法安装,在地面拼装成整体,总重 900 t,提升高度 46 m,液压提升一次安装就位,如图 4.56 所示。

(a)

(b)

图 4.56　整体提升法

图 4.57　整体顶升法

　　(5) 整体顶升法:是利用支撑结构和千斤顶将网架整体顶升到设计位置,其主要适用于安装多支点支撑的各种四角锥网架屋盖安装。该方法使用设备简单,不用大型吊装设备,顶升支撑结构可利用结构永久性支撑柱,操作简便安全,但顶升速度较慢,对结构顶升的误差控制要求严格。近年来,整体顶升法在桥梁顶升、电视塔天线桅杆顶升中得到了广泛应用。

例如,济南市燕山立交桥长 170 m、重 6 020 t 的北侧左半幅桥梁采用整体顶升法,使用 75 台 200 t 液压千斤顶整体顶升到位,最大顶升高度 4.139 m,与二环东路高架桥顺利对接,如图 4.57 所示。该工程创造了我国桥梁顶升的单体重量和顶升高度两项之最。

学习任务 **4** 钢结构围护结构安装

任务书

钢结构建筑围护系统中的重要组成部分:彩钢墙面板、屋面板等,除了板型、防水、防火、保温、隔热、隔声等本身性能应合理选用外,其排板组合、连接构造、安装顺序、安装方法等施工过程质量的控制也直接影响建筑产品的质量、寿命、美观及使用功能。因此,应合理安排施工工序,充分做好安装前的准备工作,合理开展施工作业。本学习任务分别从上述三个方面进行讲解,使学习者达到以下学习目标。

【能力目标】

(1)能认知围护结构材料。
(2)能认知围护结构安装节点。
(3)能进行围护结构的验收。

【知识目标】

(1)熟悉围护结构的基本材料。
(2)掌握围护结构常用的节点。
(3)掌握围护结构的验收。

学习内容

一、安装准备

1. 材料准备

工业与民用建筑的围护结构(屋面、墙面)与组合楼板等工程钢结构的围护结构,主要采用将压型金属板用各种紧固件和各种泛水配件组装而成。泛水配件指所有需要防水处理的平立面相交处进行的防水处理。

1)压型金属板

钢结构厂房的围护材料是采用钢卷(带)或铝卷(带),经辊压冷弯成成凹凸不平各种波型的成型板材,这种经过加工的金属板材称为压型钢板。压型钢板根据应用部位、板型波高、基板材质和搭接构造方式等的不同,有多种分类方式,分别介绍如下。

(1)按应用部位的不同可分为屋面板、墙面板、楼承板和吊顶板等。

(2)按波高的不同可分为高波板(波高≥70 mm)、中波板与低波板(波高≤30 mm)。

(3)按基板材质的不同可分为镀锌钢板或者镀铝锌钢板,为进一步提高其防腐性能,常在表面采用涂料层压法,形成彩色压型钢板,简称彩钢板。

(4)按照保温性可分为单层板和保温板两种。

压型钢板的规格表示方法为:YX 波高-波距-覆盖宽度。如图 4.58 所示为波高 35 mm,波距 280 mm,覆盖宽度为 840 mm 的压型钢板。工程中常用的压型钢板的具体分类如下。

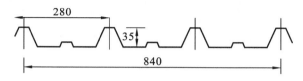

图 4.58   YX35-280-840 压型钢板

(1)非保温单层压型钢板。

目前使用较多的非保温单层压型钢板是彩色涂层镀锌钢板,一般为 0.4~1.6 mm 厚。彩色涂层镀锌钢板具有较强的耐温性和耐腐蚀性,一般使用寿命可达二十年左右。如图4.59所示为单层压型钢板的实物图。

图 4.59   单层压型钢板

(2)保温复合式压型钢板。

保温复合式压型钢板,如图 4.60 所示,其常用的有以下两种。

① 现场复合保温板。现场复合保温金属板一般情况下都在工厂进行制作,充分体现钢结构工厂制作、工地安装这一优点,尽量减少现场安装工作量,具有以下优点:①檩条不外露,整个车间内部显得比较整齐;②保温效果好。但是由于现场复合工作量大,高空作业施工难度大,所以多数业主或制作单位选择工厂复合保温板。

② 工厂复合保温板,也称复合板或夹芯板,是由内外两层彩色涂层钢板做面层,自熄性乙烯泡沫等做芯材,通过高强度黏合剂黏合而成的板材,彩钢夹芯板是一种多功能新型建筑板材,具有轻质、高强、保温、隔热、隔音、防水、装饰等性能,主要用于工业与民用建筑的屋面和墙面,但并不适用于高层建筑和楼板。

使用复合板建成的活动板房如图 4.61 所示。

图 4.60 保温复合式压型钢板

图 4.61 复合板建成的活动板房

2) 连接件

连接件分为结构连接件和构造连接件两类。结构连接件是将建筑物的围护板材与承重结构连接成整体的重要部件,用于抵抗风的吸力、下滑力和地震力等;构造连接件是将各种用途的彩板件连成整体,用于防水、密封、美观,同时也起到承受风力的作用。常用的连接件主要有自攻螺丝和铝合金拉铆钉、射钉等机械式紧固件连接方式。

自攻螺钉有两种类型:一类为一般的自攻螺钉,需先行在被连板件和构件上钻一定大小的孔后,再用电动扳手或者扭力扳手将其拧入连接板的孔中;另一类为自钻自攻螺钉,不用预先钻孔,可直接用电动扳手自行钻孔并将螺钉攻入被连板件。

拉铆丁按材质的不同分为铝材和钢材两种,为了防止电化学反应,轻钢结构均采用钢制拉铆丁。

射钉由带有锥杆和固定帽的杆身与下部活动帽组成,靠射钉枪的动力将射钉穿过被连板件打入母材基体中,射钉只用于薄板与支承构件(如檩条、墙檩等)的连接。

围护结构常用连接件如图 4.62 所示。

| (a) 自攻螺钉 | (b) 拉铆钉 | (c) 射钉 |

图 4.62 围护结构常用连接件

3) 围护结构配件

压型金属板配件分为屋面配件、墙面配件和水落管等。屋面配件包括屋脊件、封檐件、山墙封边件、高低跨泛水件、天窗泛水件、屋面洞口泛水件等;墙面配件包括转角件、板底泛水件、板顶封边件、门窗洞口封边件等,这些配件一般采用与压型金属板相同的材料,用弯板机进行加工。配件因为所在位置、功能不同,被设计成各种形状,很难定型。

4)采光板

在大跨和多跨建筑中,由于采光不能满足建筑的采光要求,在屋面上要设置屋面采光板。采光板的材料主要包括 PP、PC、FRP 或 PVC 等。

(1)PP 料采光板主要用于包装、装饰、绝缘、垫板等方面,比较环保,在国外比较受欢迎。

(2)PC 料采光板不耐酸、不耐久、不耐碱,但耐高温,采光效果好,耐高温 125 ℃,耐低温 −40 ℃。

(3)FRP 玻璃纤维增强聚酯采光板、聚碳脂制成的蜂窝状或实心板等,按形状可分为与屋面板波形相同的玻璃纤维增强聚酯采光板(简称玻璃钢采光瓦)和其他平面或者曲面采光板,耐酸碱达 20 年之久,广泛用于化工行业企业的腐蚀区。

(4)PVC 料采光板主要用于包装、装饰、绝缘、采光、模压等方面,比较环保,耐酸、耐久、耐碱。

2. 材料进场检验

1)压型金属板进场检验

(1)每批压型金属板制作完成后应出具原材料质量证明书和出厂合格证书。原材料质量证明书应包括彩钢板生产厂家的产品质量证明书,该证明书应与加工过程中使用的材料相一致。出厂合格证书应包括质量检验结果、供货清单、生产日期等。

(2)压型金属板成型后,其基板不应有裂纹;涂层、镀层压型金属板成型后,其涂层、镀层不应有肉眼可见的裂纹、剥落和擦痕等缺陷。其表面应干净,不应有明显凹凸和皱褶。夹芯板的板面应平整,各块板的色彩一致,无明显的凹凸、翘曲和变形;表面清洁、无胶痕、无油污,并且无明显的划痕、磕痕及伤痕;切口平直,板边无明显翘角、脱胶及波浪形,芯材无大块剥落,芯材饱满。

2)连接件的检验

连接件一般是由专业厂家生产供应的,收货时应同时提供出厂合格证、材质单和技术性能书等,使用时一般不再进行检测,但须对成箱到货的产品进行规格型号和数量的检查。

3. 安装机具准备

施工安装机具应根据工程选用的板型、是否现场制作等因素并结合施工方案的要求准备。通常应包括以下几种。

(1)提升设备:包括汽车吊、卷扬机、滑轮、拔杆、吊盘等。

(2)手提工具:包括电钻、自攻枪、拉铆枪、手提圆盘锯、钳子、螺丝刀、铁剪、手提工具袋等。

4. 场地准备

(1)按施工组织设计的要求,对堆放场地、装卸条件、设备行走路线、提升位置、施工道路、临时设施的位置等进行全面检查,以保证运输畅通,材料不受损坏和施工安全。

(2)堆放场地要求平整、不积水、不妨碍交通,材料不易受到损坏。

(3)施工道路应雨季可使用,允许大型车辆的通过和回转。

二、围护结构安装节点

1. 纵向搭接

单层彩钢板的纵向搭接主要应考虑提高其防水功能。其搭接长度与屋面坡度相关,当屋面坡度大于等于 1/10 时,搭接长度不宜小于 200 mm;当屋面坡度小于 1/10 时,搭接长度不宜小于 250 mm。墙面板搭接长度不宜小于 120 mm。

搭接处的密封宜采用双面粘贴的密封条,不宜采用密封胶,密封条宜靠近紧固位置。

2. 横向搭接

板的横向搭接即板长边之间的搭接。当搭接为隐蔽搭接的板型时,其相应的搭接边或扣合或咬边,已对连接和边部进行了防水处理。采用外露连接的板型,其边部也已进行了防水的构造处理,因此一般不再作材料防水。

3. 墙面围护结构构造

钢结构厂房的外墙,一般采用下部为砌体(一般高度不超过 1.2 m),上部为压型钢板墙体,或全部采用压型钢板墙体的构造形式。当抗震设防烈度为 7 度、8 度时,不宜采用柱间嵌砌砖墙;当抗震设防烈度为 9 度时,宜采用与柱子柔性连接的压型钢板墙体。

压型钢板外墙构造力求简单、施工方便,与墙梁连接可靠,转角等细部构造应有足够的搭接长度,以保证防水效果。外墙的转角构造如图 4.63 和图 4.64 所示,窗户包角构造如图 4.65 所示。

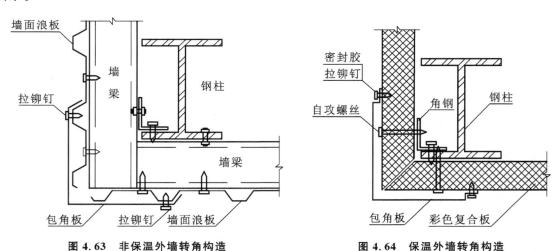

图 4.63　非保温外墙转角构造　　　　图 4.64　保温外墙转角构造

4. 屋面围护结构构造

厂房屋顶应满足防水、保温、隔热等基本围护要求。同时,根据厂房需要,应设置天窗解决厂房采光问题,金属屋面板在铺设时,沿横向和侧向需要连接,金属屋面板宜采用长尺板材,可

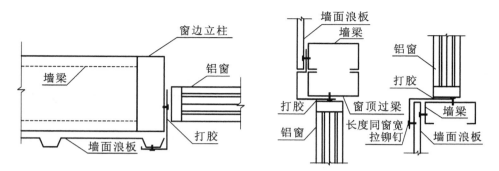

图 4.65　窗户包角构造

以减少屋面板间横向接缝。板与板之间的连接形式直接影响着屋面防水。目前金属屋面板常用的连接形式如图 4.65 所示。

1）搭接连接

搭接连接通常用于螺栓连接的屋面,如图 4.66(a)所示,上、下两块屋面板叠放在一起,然后用自攻螺钉连接,在搭接板缝处设置滞水带。这种连接方法现场施工方便,比较经济,曾经是金属屋面连接的主要形式。但采用这种连接方法的金属屋面,漏水现象严重,而且很难确定漏水的位置,给使用和维修带来了麻烦。产生漏水的原因主要有:①自攻螺钉暴露在外部,与屋面板之间的连接存有孔洞,其周围的密封胶质量不能保证;②自攻螺钉周围的密封胶存在老化的问题。

2）平接连接

这种连接方法是将相邻两块屋面板弯 180°,将它们对折并扣接起来,如图 4.66(b)所示。由于加工安装麻烦,这种连接方式现在很少采用。

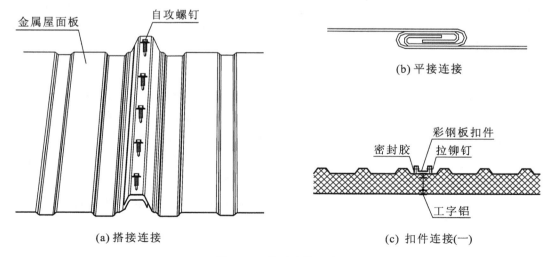

(b) 平接连接

(a) 搭接连接

(c) 扣件连接(一)

图 4.66　常用连接形式

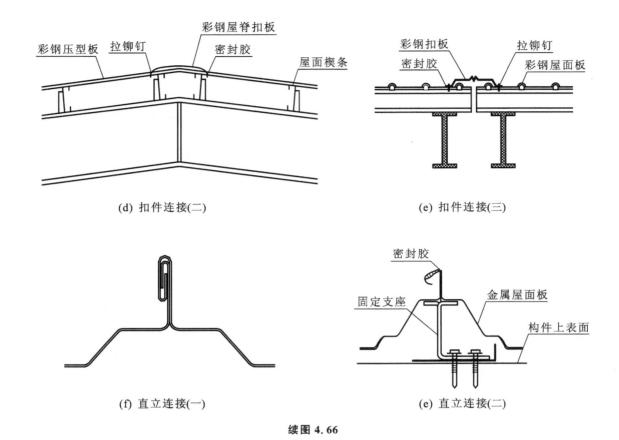

(d) 扣件连接(二)　　　　　　　　　(e) 扣件连接(三)

(f) 直立连接(一)　　　　　　　　　(e) 直立连接(二)

续图 4.66

3）扣件连接

扣件连接通常用于复合板金属屋面接缝处（见图 4.66(c)）、屋脊处（见图 4.66(d)）以及伸缩缝处（见图 4.66(e)）的连接,这种连接方式是用扣件将接缝两侧的金属屋面板连在一起,再涂密封胶进行防水处理。

4）直立连接

直立连接也称暗扣式屋面连接或隐藏式屋面连接,这是目前金属屋面的主要连接形式。对于波高小于 70 mm 的低波纹屋面板,可不设固定支架,直接将接缝两侧屋面板抬高,采用 360°滚动锁边扣接在一起,然后用自攻螺钉或涂锌钩头螺栓在波峰处直接与檩条连接,如图 4.66(f)所示。对于波高大于 70 mm 的高波纹屋面板,将接缝两侧金属板扣接在一起,并搁置在固定支架上,固定支架应与压型钢板的波形相匹配,然后用自攻螺钉或射钉将固定支座连于檩条,如图 4.66(g)所示。这种连接方式有利于防止接缝两侧金属屋面板发生错动,同时也防止整块屋面板在自重作用下向下滑动,从而可以有效地解决金属屋面漏水这一问题。

5）常见屋面节点构造

常见屋面节点构造如图 4.67 至图 4.75 所示。

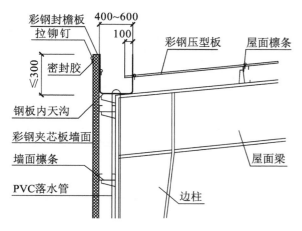

图 4.67　边天沟节点

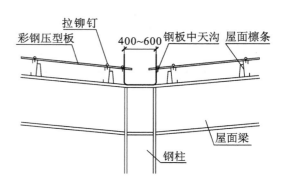

图 4.68　中天沟节点

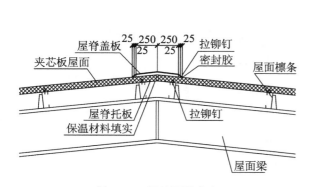

图 4.69　双坡屋脊节点

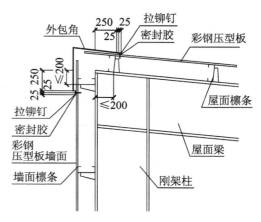

图 4.70　坡屋脊节点图

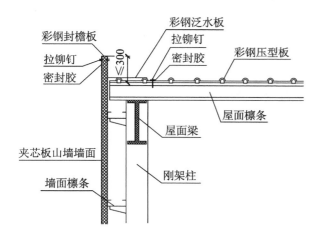

图 4.71　山墙封檐节点图

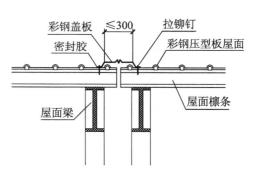

图 4.72　屋面伸缩缝节点

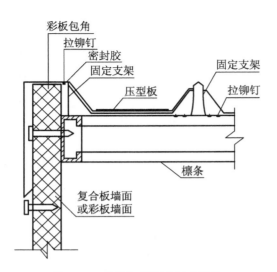

图 4.73　山墙与屋面处泛水构造　　　　　　图 4.74　山墙与屋面处泛水构造

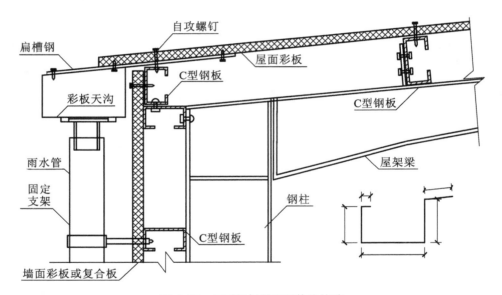

图 4.75　压型钢板屋面及檐沟构造

三、围护结构安装

1. 围护结构安装工艺流程

围护结构安装工艺流程如图 4.76 所示。

2. 安装质量控制

（1）压型金属板、泛水板和包角板等的固定应可靠、牢固,防腐涂料、涂刷和密封材料敷设完好,连接件数量、间距应符合设计要求和国家现行有关标准的规定。

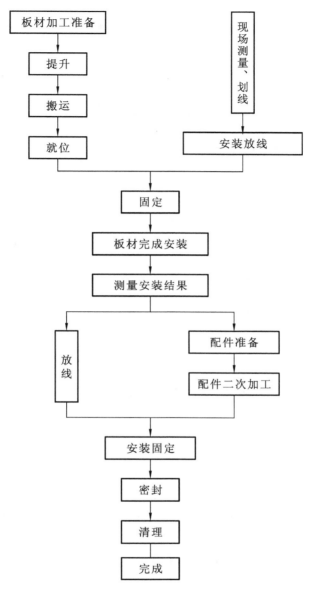

图 4.76 围护结构安装工艺流程

（2）压型金属板应在支承构件上可靠搭接，搭接长度应符合设计要求，且不应小于表 4.7 中规定的数值。

表 4.7 压型金属板在支承构件上的搭接长度（mm）

项 目		搭 接 长 度
截面高度＞70		375
截面高度≤70	屋面坡度＜1/10	250
	屋面坡度≥1/10	200
墙 面		120

（3）压型金属板安装应平整、顺直,板面不应有施工残留物和污物。檐口和墙面下端应呈直线,不应有未经处理的错钻孔洞。

（4）压型金属板安装的允许偏差应符合表 4.8 的规定。

表 4.8　压型金属板安装的允许偏差（mm）

项　目		允　许　偏　差
屋面	檐口与屋脊的平行度	12.0
	压型金属板波纹线对屋脊的垂直度	$L/800$,且不应大于 25.0
	檐口相邻两块压型金属板端部错位	6.0
	压型金属板卷边板件最大波高	4.0
墙面	墙板波纹线的垂直度	$H/800$,且不应大于 25.0
	墙板包角边的垂直度	$H/800$,且不应大于 25.0
	相邻两块压型金属板的下端错位	6.0

注:L 为屋面半坡或单坡长度;H 为墙面高度。

3. 安装注意事项

（1）彩板围护结构安装完毕后即为最终成品,应保证安装全过程中不损坏彩板表面,安装时应注意以下几点。

① 现场搬运彩板制品应轻抬轻放,不得拖拉,不得在上面随意走动。

② 现场切割过程中,切割机械的底面不宜与彩板面直接接触,最好垫上薄三合板材。

③ 吊装中不要将彩板与脚手架、柱子、砖墙等碰撞和摩擦。

④ 在屋面上施工的工人应穿胶底不带钉子的鞋。

⑤ 操作工人携带的工具等应放在工具袋中,如放在屋面上应放在专用的布或其他片材上。

⑥ 不得将其他材料散落在屋面上,或污染板材。

（2）彩板围护结构是以不到 1 mm 的钢板制成。屋面的施工荷载不能过大,因此保证结构安全和施工安全是十分重要的。

① 施工中工人不可聚堆,以免集中荷载过大,造成板面损坏。

② 施工的工人不得在屋面上奔跑、打闹、抽烟和乱扔垃圾。

③ 当天吊至屋面上的板材当天应安装完毕,如果有未安装完的板材应进行临时固定,以免被风刮下,造成事故。

④ 早晨屋面易有露水,坡屋面上彩板面滑,应特别注意防护措施。

4. 压型金属板工程验收

压型金属板安装完成后应进行质量检验,并应填写相应的质量验收记录,见表 4.9 和表 4.10。

表 4.9　压型金属板工程检验批质量验收记录　（压型金属板制作）

工程名称					检验部位				
施工单位					项目经理			监理（建设）单位验收意见	
执行企业标准名称及编号									
		施工质量验收规范规定			施工单位检查记录				
主控项目	1	压型板成型后，其基板不应有裂纹			材料符合标准、设计要求，见报验表				
	2	涂、镀层不应有肉眼可见的裂纹、剥落和擦痕等缺陷			基板无缺陷				
一般项目	1	压型金属板的表面质量、涂层质量等应符合设计要求和规范规定			表面质量符合要求，无缺陷				
	2	尺寸允许偏差/mm	波距		±2.0				
			波高　压型钢板　截面高度≤70		±1.5				
			截面高度＞70		±2.0				
			侧向弯曲　在测量长度 L_1 的范围内		20.0				
		现场制作允许偏差/mm	压型金属板覆盖宽度　截面高度≤70		+10.0 −2.0				
			截面高度＞70		+6.0 −2.0				
			板长		±9.0				
			横向剪切偏差		6.0				
			泛水板、包角板尺寸　板长		±6.0				
			折弯面宽度		±3.0				
			折弯面夹角		2°				
	3	压型金属板成型后，表面应干净，不应有明显的凹凸和皱褶			表面干净，无明显的凹凸和皱褶				

主控项目：　　　　　　一般项目：

施工单位检查评定结果	施工班组长： 专业施工员： 专职质检员： 　　　　　年　月　日	监理（建设）单位验收评定结论	专业监理工程师： （建设单位项目专业技术负责人）： 　　　　　年　月　日

表 4.10 压型金属板工程检验批质量验收记录 (压型金属板安装)

工程名称					检验部位		
施工单位					项目经理		监理(建设)
执行企业标准名称及编号							单位验收
		施工质量验收规范规定			施工单位检查记录		意见

		施工质量验收规范规定			施工单位检查记录	监理(建设)单位验收意见
主控项目	1	压型金属板、泛水板和包角板等的固定应可靠、牢固,防腐涂料涂层和密封材料敷设完好,连接件数量、间距应符合设计要求和国家现行有关标准规定			固定可靠,涂层及密封完好,连接符合规定	
	2	压型金属板应在支承构件上可靠搭接,搭接长度应符合设计要求,且不少于表中规定的数值				
		搭接长度允许值/mm	截面高度>70	375		
			截面高度≤70　屋面坡度<1/10	250		
			屋面坡度≥1/10	200		
			墙面	120		
	3	组合楼板中压型钢板与主体结构(梁)的锚固支承长度应符合设计要求,且不应小于50 mm,端部锚固件连接应可靠,设置位置应符合设计要求			锚固、支承符合要求,支承长度为80～100 mm	
一般项目	1	压型金属板安装应平整、顺直,板面不应有施工残留物和污物,檐口和墙面下端应呈直线,不应有未经处理的错钻孔洞			安装平整、顺直,无错钻孔、残留物	
	2	压型金属板安装的允许偏差应符合下表规定(L为屋面半坡或单坡长度;H为墙面高度)				
		压型钢板安装允许偏差/mm	屋面　檐口与屋脊的平行度	12.0		
			压型金属板波纹线对屋脊的垂直度	$L/800$,且≤25.0		
			檐口相邻两块压型金属板端部安装错位	6.0		
			压型金属板卷边板件最大波浪高	4.0		
			墙面　墙板波纹线的垂直度	$H/800$且≤25.0		
			墙板包角板垂直度	$H/800$且≤25.0		
			相邻两块压型板的下端错位	6.0		

续表

工程名称		检验部位		监理（建设）单位验收意见
施工单位		项目经理		
执行企业标准名称及编号				
施工质量验收规范规定		施工单位检查记录		
主控项目： 一般项目：				
施工单位检查评定结果	施工班组长： 专业施工员： 专职质检员： 年 月 日	监理（建设）单位验收评定结论	专业监理工程师： （建设单位项目专业技术负责人）： 年 月 日	

检查与评价

1. 简述钢结构安装所用机械及其选用原则。

2. 简述单层钢结构钢柱、吊车梁、钢梁的安装工艺流程。

3. 简述高强度螺栓的施工工艺及检查要点。

单元 5

钢结构施工质量验收

单元描述

　　一个建设工程可进一步划分为单项工程、单位工程、分部工程、分项工程、检验批等,在进行钢结构工程验收时,是按检验批到单位工程顺序进行验收,作为施工技术人员需要掌握验收项目的合格标准并能组织验收。钢结构一般是作为分部工程进行验收,本单元从单位工程、分部工程、分项工程、检验批四个部分讲解钢结构验收的合格标准和验收的程序。

　　通过本单元的学习,应达成以下学习目标。

☆ **能力目标**

能进行钢结构工程的施工质量验收并能填写相应资料。

☆ **知识目标**

(1) 掌握单位工程的合格标准及验收程序。

(2) 掌握分项工程的合格标准及验收程序。

(3) 掌握检验批的合格标准及验收程序。

156

一、施工质量验收的划分

一个建设工程一般进一步划分为单项工程、单位工程、分部工程和分项工程。

1. 建设项目

建设项目一般具有一个计划任务书和一个总体设计进行施工,经济上实行统一核算,行政上有独立组织形式的工程建设单位。一般以一个企业(或联合企业)、一所学校、一座宾馆为建设项目。一个建设项目中,可以有几个单项工程,也可以只有一个单项工程。

2. 单项工程

单项工程又称工程项目,它是建设项目的组成部分,是指具有独立的设计文件,竣工后可以独立发挥生产能力或使用效益的工程。例如,一个工厂的生产车间、仓库,学校的教学楼、图书馆等。单项工程是具有独立存在意义的一个完整工程,它由若干个单位工程组成。

3. 单位工程

单位工程是单项工程的组成部分,是指具有独立的设计文件,能单独施工,但建成后不能独立发挥生产能力或使用效益的工程。例如,一个生产车间的土建工程、电气照明工程、给水排水工程、机械设备安装工程、电气设备安装工程等都是生产车间这个单项工程的组成部分,即单位工程。又例如,住宅工程中的土建工程、给水排水工程、电气照明工程等分别是一个单位工程。

4. 分部工程

分部工程是单位工程的组成部分,是按建筑工程的主要部位或工种工程及安装工程的种类来划分的。例如,作为单位工程的土建工程可分为土石方工程、砖石工程、脚手架工程、钢筋混凝土工程、钢结构工程、楼地面工程、屋面工程及装饰工程等。其中,每一部分都称为一个分部工程。

5. 分项工程

分项工程是分部工程的组成部分,是建筑工程的基本构成要素。它是按照不同的施工方法、不同材料的不同规格等,将分部工程进行进一步划分的。例如,钢筋混凝土分部工程分为钢筋分项工程、模板分项工程、混凝土分项工程等。

二、检验批的验收

检验批是工程质量验收的最小单位,是分项工程直至整个建筑工程质量验收的基础。检验批是指按同一生产条件或按规定的方式汇总起来供检验用的,由一定数量样本组成的检验体,它代表了工程某一施工过程的材料、构配件或安装项目的质量。

检验批可根据施工及质量控制和专业验收的需要,按楼层、施工段、变形缝等进行划分。

1. 检验批合格质量标准

检验批合格质量标准应符合下列规定。

（1）主控项目必须符合本工艺标准中的合格质量标准的要求。

（2）一般项目的检验结果应有 80％及以上的检查点符合本工艺标准合格质量标准的要求，且最大值不应超过其允许偏差值的 1.2 倍。

（3）质量检查记录、质量证明文件等资料应完整。

2．检验批验收的程序和组织

检验批由监理工程师（建设单位项目技术负责人）组织施工单位项目专业质量（技术）负责人等进行验收。

具体检验批验收记录表格在单元 2、单元 3、单元 4 中都已介绍，此处不赘述。

三、分项工程的验收

根据《钢结构工程施工质量验收规范》（GB 50205—2001）的规定，钢结构分部工程又可以分为钢结构焊接分项工程、普通紧固件连接分项工程、高强度螺栓连接分项工程、零件及部件加工分项工程、构件组装分项工程、预拼装分项工程、单层钢结构安装分项工程、多层及高层钢结构安装分项工程、钢网架结构安装分项工程、压型金属板安装分项工程、防腐涂料涂装分项工程、防火涂料涂装分项工程共计 12 项，每一个分项工程划分为若干检验批。

1．分项工程的验收和组织

分项工程应由监理工程师（建设单位项目技术负责人）组织施工单位项目专业质量（技术）负责人等进行验收。

2．分项工程的合格标准

分项工程所含的检验批均应符合合格质量验收的规定，分项工程所含的检验批的质量验收记录应完整。表 5.1 所示是钢结构（焊接）分项工程质量验收记录。

表 5.1　钢结构（焊接）分项工程质量验收记录

工程名称			检验批数		
施工单位			项目经理		
分包单位			项目负责人		
序号	检验批部位、区、段		施工单位检查评定结果	监理（建设）单位验收结论	
1	钢柱		合格		
2	钢梁		合格		
检查结论	项目专业技术负责人： 　　　　年　月　日		验收结论	监理工程师： （建设单位专业技术负责人） 　　　　年　月　日	

四、分部工程的验收

根据现行的《建筑工程施工质量验收统一标准》(GB 50300—2013)的规定,钢结构作为主体结构之一的应按照子分部工程进行竣工验收,当主体结构均为钢结构时应按照分部工程进行竣工验收。

1. 分部工程验收的程序和组织

分部工程应由总监理工程师(建设单位项目负责人)组织施工单位项目负责人和技术质量负责人等进行验收。地基与基础工程、主体结构分部工程的勘察设计单位工程项目负责人和施工单位技术质量部门负责人也应参加相关分部工程验收。

2. 分部工程合格标准

分部工程合格质量标准应符合下列规定,其验收资料表格见表5.2至表5.4。

(1) 所含分项工程质量均应合格。

(2) 质量控制资料应完整。

(3) 分部工程中有关结构安全与功能的检测结果应符合设计及有关规定。

(4) 观感质量应符合要求。

表 5.2 钢结构工程安全及功能的检验和见证检测项目检查记录

工程名称				施工单位		
序号	项目	内容	抽检数量及检验方法	合格质量标准	抽检结果	核查人
1	见证取样送样试验	钢材及焊接材料复验	见规范规定	符合设计要求和国家规定,有关产品标准的规定	符合要求	
		高强度螺栓预拉力、扭矩系数复验			符合要求	
		摩擦面抗滑移系数复验			符合要求	
		网架节点承载力试验			符合要求	
2	焊缝质量	内部缺陷	一、二级焊缝按焊缝处数随机抽检3%,且不应少于3处;检验采用超声波或射线探伤及规范方法	规范规定	符合要求	
		外观缺陷			符合要求	
		焊缝尺寸			符合要求	
3	高强度螺栓施工质量	终拧扭矩	按节点数随机抽检3%,且不应少于3个节点,检验按规范方法执行	规范规定	符合要求	
		梅花头检查			符合要求	
		网架螺栓球节点			符合要求	
4	柱脚及网架支座	锚栓紧固	按柱脚及网架支座随机抽检10%,且不应少于3个;采用观察和尺量等方法进行检验	符合设计要求和规范规定	符合要求	
		垫板、垫块			符合要求	
		二次灌浆			符合要求	

工程名称				施工单位		
序号	项目	内容	抽检数量及检验方法	合格质量标准	抽检结果	核查人
5	主要构件变形	钢屋(托)架、架、钢架、吊车梁等垂直度和侧向弯曲	除网架结构外,其他按构件数随机抽检3%,且不应少于3个;检验方法按规范执行	规范规定	符合要求	
		钢柱垂直度			符合要求	
		网架结构挠度			符合要求	
6	主体结构尺寸	整体垂直度	规范规定	规范规定	符合要求	
		整体平面弯曲			符合要求	
结论:	该单位工程安全及功能的检验和见证检测核查及主要功能抽查符合实际要求					

施工单位	监理(建设)单位
项目经理: 年　月　日	专业监理工程师: (建设单位项目专业技术负责人) 年　月　日

表5.3　钢结构子分部工程验收记录

工程名称			结构类型		层数	
施工单位			技术部门负责人		质量部门负责人	
分包单位			分包单位负责人		分包技术负责人	
序号	分项工程名称		检验批数	施工单位检查评定	验收意见	
1	钢结构(钢构件焊接)分项工程					
2	钢结构(防腐涂料涂装)分项工程					
3	钢结构(普通紧固件连接)分项工程					
4	钢结构(高强度螺栓连接)分项工程					
5	钢结构(零件及部件加工)分项工程					
6	钢结构(构件组装)分项工程					
7	钢结构(预拼装)分项工程					
8	钢结构(单层结构安装)分项工程					
9						
	质量控制资料					
	安全和功能检验(检测)报告					
	观感质量验收					
	综合验收结论					
验收单位	分包单位		项目经理		年　月　日	
	施工单位		项目经理		年　月　日	
	勘察单位		项目负责人		年　月　日	
	设计单位		项目		年　月　日	
	监理(建设)单位		总监理工程师 (建设单位项目专业负责人)		年　月　日	

表 5.4　钢结构分部工程观感质量检查项目表

工程名称：××××××　　　　　　　　　　　　　　　编号：

项次	项目	抽检数量	合格质量标准	检查结果
1	普通涂层表面	随机抽查 3 个轴线结构构件	本规范第 14.2.3 条的要求	
2	防火涂层表面	随机抽查 3 个轴线结构构件	本规范第 14.3.4、14.3.5、14.3.6 条的要求	
3	压型金属板表面	随机抽查 3 个轴线间压型金属板表面	本规范第 14.3.4 条的要求	
4	钢平台、钢梯、钢栏杆	随机抽查 10%	连接牢固,无明显外观缺陷	

结论：　　　　　　　　　　监理工程师：

施工单位项目经理　　　年　月　日　　　　　　　　　　　年　月　日

五、单位工程验收

1. 单位工程验收的程序和组织

单位工程完工后,施工单位应自行组织有关人员进行检查评定,并向建设单位提交竣工验收报告,建设单位收到验收报告后,由建设单位(项目)负责人组织施工(含分包单位)、设计、监理等单位(项目)负责人进行单位(子单位)工程验收。

2. 单位工程合格标准

(1) 单位工程所含分部工程的质量均应验收合格。
(2) 质量控制资料完整。
(3) 单位工程所含分部工程有关安全和功能的检测资料应完整。
(4) 主要功能的抽查结果应符合有关标准、规范的规定。
(5) 观感质量验收应符合要求。

六、工程施工资料

施工资料是施工单位在工程施工过程中所形成的全部资料。按其性质可分为:施工管理、施工技术、施工测量、施工物资、施工记录、施工试验、过程验收及工程竣工质量验收资料。

竣工验收合格后,施工单位向建设单位移交施工资料。由建设单位发包的专业承包施工工程,分包单位应按本规程的要求,将形成的施工资料直接交建设单位;由总包单位发包的专业承包施工工程,分包单位应按本规程的要求,将形成的施工资料交总包单位,总包单位汇总后交建设单位。

钢结构分部工程竣工验收时,应提供如表 5.5 所示的工程资料。

表5.5　钢结构竣工验收资料

编　号	名　称	页码	备注
一	钢结构工程施工、技术管理资料		
1	钢结构工程概况、公司资料		
2	施工组织设计、施工方案及审批		
3	技术交底记录		
4	图纸设计变更、会审记录		
5	扭矩扳手标定记录		
6	高强度螺栓施工记录		
7	钢结构矫正施工记录		
8	钢零部件边缘加工施工记录		
9	焊接材料的烘焙记录		
10	焊工合格证汇总表		
11	钢结构工程质量控制资料检查表		
12	有关安全及功能检验和见证检测项目检查记录		
13	钢结构工程观感质量检查记录		
二	钢结构工程质量控制资料		
1	钢结构工程原材料、成品质量合格证明文件、检测报告		
2	钢板材料质量合格证明文件、检测报告		
3	焊接质量合格证明文件、检测报告		
4	高强度大六角螺栓连接副扭矩系数试验报告		
5	高强度螺栓连接摩擦面抗滑系数试验报告		
6	其他附属材料质量合格证明文件、检测报告		
7	钢结构进场验收合格证		
8	钢构件合格证		
9	各种隐蔽工程检查验收记录		
三	钢结构工程质量验收资料		
1	钢结构子分部工程质量验收记录		
2	钢结构焊接分项工程质量验收记录		

续表

编 号	名 称	页码	备注
2.1	钢结构焊接分项工程检验批质量验收记录		
3	钢结构紧固件连接分项工程质量验收记录		
3.1	钢结构(普通紧固件连接)分项工程检验批质量验收记录		
3.2	钢结构(高强度螺栓连接)分项工程检验批质量验收记录		
4	钢零件及钢部件加工分项工程质量验收记录		
4.1	零件及钢部件加工分项工程检验批质量验收记录		
5	钢结构组装分项工程质量验收记录		
5.1	钢构件组装分项工程检验批质量验收记录		
5.2	钢构件组装分项工程检验批中有关允许偏差检查记录		
6	压型金属板分项工程质量验收记录		
6.1	压型金属板分项工程检验批质量验收记录		
7	单层钢结构安装分项工程质量验收记录		
7.1	单层钢结构安装分项工程检验批质量验收记录		
7.2	单层钢结构安装分项工程检验批质量验收中有关允许偏差检查记录		
8	钢结构涂装分项工程质量验收记录		
8.1	钢结构防腐涂料涂装分项工程检验批质量验收记录		
8.2	钢结构防火涂料涂装分项工程检验批质量验收记录		

其他分项工程根据工程实际情况增减

检查与评价

(期末检测)

1. 钢结构采用的原材料及成品按规范需要进行复验的,应该经过(　　)见证取样、送样。
A. 试验员　　　　B. 监理工程师　　　　C. 取样员　　　　D. 材料员

2. 钢材、钢铸件的品种、规格、性能等应符合现行国家产品标准和(　　)要求。
A. 设计　　　　B. 合同　　　　C. 行业标准　　　　D. 施工

3. 焊接材料的品种、规格、性能等应符合现行(　　)和设计要求。
A. 合同规定标准　　　　B. 国家产品标准　　　　C. 行业标准　　　　D. 施工标准

4. 当钢材的表面有锈蚀、麻点或划痕等缺陷时,其深度不得大于该钢材厚度负允许偏差值的(　　)。
A. 1/4　　　　B. 1/3　　　　C. 1/2　　　　D. 3/4

5. 钢材牌号 Q235B 的表示方法中,235 指的是钢材的(　　)。
A. 伸长率数值　　　　B. 屈服强度数值　　　　C. 抗拉强度数值　　　　D. 质量等级

6. 每批由同一牌号、同一炉号、同一质量等级、同一品种、同一尺寸、同一交货状态的钢材检验重量不应大于（　　）t。

    A. 10　　　　　　　B. 30　　　　　　　C. 60　　　　　　　D. 100

7. 钢结构焊接工程，焊缝施焊后应在工艺规定的焊缝及部位打上（　　）钢印。

    A. 质量员　　　　　B. 施工员　　　　　C. 焊工　　　　　　D. 铆工

8. 一、二级焊缝质量等级及缺陷分级中，一级焊缝探伤比例为 _____，二级为 _____。
（　　）

    A. 80%、50%　　　B. 100%、50%　　　C. 80%、20%　　　D. 100%、20%

9. 焊接 H 型钢的翼缘板拼接缝和腹板拼接缝的间距不应小于（　　）mm。

    A. 200　　　　　　B. 300　　　　　　C. 400　　　　　　D. 600

10. 单层钢结构主体结构的整体垂直度允许偏差为 $H/1000$（H 为整体高度），且不应大于（　　）mm。

    A. 10　　　　　　　B. 15　　　　　　　C. 25　　　　　　　D. 30

11. 高强度螺栓连接副（　　）后，螺栓丝扣外露应为 2～3 扣，其中允许有 10% 的螺栓丝扣外露 1 扣或 4 扣。

    A. 初拧　　　　　　B. 复拧　　　　　　C. 中拧　　　　　　D. 终拧

12. 高强度螺栓孔不应采用气割扩孔，扩孔数量应征得设计同意，扩孔后的孔径不应超过（　　）倍螺栓直径。

    A. 1.1　　　　　　B. 1.2　　　　　　C. 1.5　　　　　　D. 2

13. 钢结构制作和安装单位应按规定分别进行高强度螺栓连接摩擦面的（　　）系数试验和复验，现场处理的构件摩擦面应单独进行摩擦面（　　）系数试验，其结果应符合设计要求。

    A. 抗滑动　　　　　B. 摩擦　　　　　　C. 抗滑移　　　　　D. 移动

14. 高强度大六角头螺栓连接副终拧完成 1h 后，（　　）内应进行终拧扭矩检查，检查结果应符合规范的规定。

    A. 12 h　　　　　　B. 24 h　　　　　　C. 36 h　　　　　　D. 48 h

15. 永久性普通螺栓紧固应牢固可靠，外露丝扣不应少于（　　）扣。

    A. 3　　　　　　　　B. 2　　　　　　　　C. 1　　　　　　　　D. 4

16. 钢结构防腐涂料、涂装遍数、涂层厚度均应符合设计要求。当设计对涂层厚度无要求时，涂层干漆膜总厚度在室外应为（　　）μm。

    A. 150　　　　　　B. 125　　　　　　C. 100　　　　　　D. 120

17. 钢结构厚涂型防火涂料涂层的厚度，80% 及以上面积应符合有关耐火极限的设计要求，且最薄处厚度不应低于设计要求的（　　）。

    A. 80%　　　　　　B. 85%　　　　　　C. 90%　　　　　　D. 95%

18. 钢结构涂料工程涂装时，构件表面不应有结露，涂装后（　　）小时内应保护免受雨淋。

    A. 24　　　　　　　B. 8　　　　　　　　C. 12　　　　　　　D. 4

19. 钢结构涂料工程涂装时，当产品说明书无要求时，环境温度宜在（　　）℃之间，相对湿度不应大于 85%。

    A. 5～38　　　　　B. 0～40　　　　　C. 10～20　　　　　D. −5～40

20. 单层钢结构安装中,钢柱柱脚底座中心线对定位轴线的允许偏移量为(　　)mm。

A. 10　　　　　　　B. 7　　　　　　　C. 5　　　　　　　D. 3

21. 钢结构涂料涂装时,表面除锈处理与涂装的间隔时间宜在(　　)h之内,在车间内作业或湿度较低的晴天不应超过(　　)h。

A. 4;12　　　　　　B. 3;6　　　　　　C. 5;10　　　　　　D. 12;48

22. 吊车梁和吊车桁架不应(　　)。

A. 起拱　　　　　　B. 弯曲　　　　　　C. 下挠　　　　　　D. 固定

23. 碳素结构钢在环境温度低于(　　)℃、低合金钢在环境温度低于－12℃时,不应进行冷矫正和冷弯曲。

A. 0　　　　　　　B. 5　　　　　　　C. －10　　　　　　D. －16

24. 除锈等级 Sa 表示采用喷射或抛射除锈,等级为 Sa2.5 级的标准为(　　)。

A. 轻度喷砂除锈　　　　　　　　　　B. 彻底的喷砂除锈

C. 非常彻底的喷砂除锈　　　　　　　D. 喷砂除锈至钢材表面洁净

25. 高强度大六角螺栓连接副和扭剪型高强度螺栓连接副出厂时应分别随箱带有(　　)和紧固轴力(预拉力)的检验报告。

A. 抗滑移系数　　　B. 扭矩系数　　　C. 化学成分　　　D. 力学性能

二、简答题

1. 钢结构分部工程可划分为几个分项工程?

2. 属于哪些情况的钢材应进行抽样复验,且其复验结果应符合现行国家产品标准和设计要求?

3. 钢结构分项工程检验批合格质量标准应符合哪些规定?

4. 钢结构分项工程合格质量标准应符合哪些规定?

5. 钢结构分部工程合格质量标准应符合哪些规定?

附录 A

热轧型钢规格表（参考 GB/T 706—2008）

附表 A.1 工字钢截面尺寸、截面面积、理论重量及截面特性

符号:h—高度;

b—腿宽度;

d—腰厚度;

t—平均腿厚度;

r—内圆弧半径;

r_1—腿端圆弧半径。

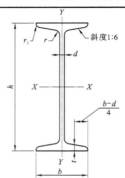

型号	截面尺寸/mm						截面面积/cm²	理论重量/(kg/m)	惯性矩/cm⁴		惯性半径/cm		截面模数/cm³	
	h	b	d	t	r	r_1			I_x	I_y	i_x	i_y	W_x	W_y
10	100	68	4.5	7.6	6.5	3.3	14.345	11.261	245	33.0	4.14	1.52	49.0	9.72
12	120	74	5.0	8.4	7.0	3.5	17.818	13.987	436	46.9	4.95	1.62	72.7	12.7
12.6	126	74	5.0	8.4	7.0	3.5	18.118	14.223	488	46.9	5.20	1.61	77.5	12.7
14	140	80	5.5	9.1	7.5	3.8	21.516	16.890	712	64.4	5.76	1.73	102	16.1
16	160	88	6.0	9.9	8.0	4.0	26.131	20.513	1130	93.1	6.58	1.89	141	21.2
18	180	94	6.5	10.7	8.5	4.3	30.756	24.143	1660	122	7.36	2.00	185	26.0
20a	200	100	7.0	11.4	9.0	4.5	35.578	27.929	2370	158	8.15	2.12	237	31.5
20b	200	102	9.0	11.4	9.0	4.5	39.578	31.069	2500	169	7.96	2.06	250	33.1
22a	220	110	7.5	12.3	9.5	4.8	42.128	33.070	3400	225	8.99	2.31	309	40.9
22b	220	112	9.5	12.3	9.5	4.8	46.528	36.524	3570	239	8.78	2.27	325	42.7
24a	240	116	8.0	13.0	10.0	5.0	47.741	37.477	4570	280	9.77	2.42	381	48.4
24b	240	118	10.0	13.0	10.0	5.0	52.541	41.245	4800	297	9.57	2.38	400	50.4
25a	250	116	8.0	13.0	10.0	5.0	48.541	38.105	5020	280	10.2	2.40	402	48.3
25b	250	118	10.0	13.0	10.0	5.0	53.541	42.030	5280	309	9.94	2.40	423	52.4

续表

符号:h—高度；

b—腿宽度；

d—腰厚度；

t—平均腿厚度；

r—内圆弧半径；

r_1—腿端圆弧半径。

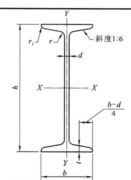

型号	截面尺寸/mm						截面面积/cm²	理论重量/(kg/m)	惯性矩/cm⁴		惯性半径/cm		截面模数/cm³	
	h	b	d	t	r	r_1			I_x	I_y	i_x	i_y	W_x	W_y
27a	270	122	8.5	13.7	10.5	5.3	54.554	42.825	6550	345	10.9	2.51	485	56.6
27b		124	10.5				59.954	47.064	6870	366	10.7	2.47	509	58.9
28a	280	122	8.5	13.7	10.5	5.3	55.404	43.492	7110	345	11.3	2.50	508	56.6
28b		124	10.5				61.004	47.888	7480	379	11.1	2.49	534	61.2
30a	300	126	9.0	14.4	11.0	5.5	61.254	48.084	8950	400	12.1	2.55	597	63.5
30b		128	11.0				67.254	52.794	9400	422	11.8	2.50	627	65.9
30c		130	13.0				73.254	57.504	9850	445	11.6	2.46	657	68.5
32a	320	130	9.5	15.0	11.5	5.8	67.156	52.717	11100	460	12.8	2.62	692	70.8
32b		132	11.5				73.556	57.741	11600	502	12.6	2.61	726	76.0
32c		134	13.5				79.956	62.765	12200	544	12.3	2.61	760	81.2
36a	360	136	10.0	15.8	12.0	6.0	76.480	60.037	15800	552	14.4	2.69	875	81.2
36b		138	12.0				83.680	65.689	16500	582	14.1	2.64	919	84.3
36c		140	14.0				90.880	71.341	17300	612	13.8	2.60	962	87.4
40a	400	142	10.5	16.5	12.5	6.3	86.112	67.598	21700	660	15.9	2.77	1090	93.2
40b		144	12.5				94.112	73.878	22800	692	15.6	2.71	1140	96.2
40c		146	14.5				102.112	80.158	23900	727	15.2	2.65	1190	99.6
45a	450	150	11.5	18.0	13.5	6.8	102.446	80.420	32200	855	17.7	2.89	1430	114
45b		152	13.5				111.446	87.485	33800	894	17.4	2.84	1500	118
45c		154	15.5				120.446	94.550	35300	938	17.1	2.79	1570	122
50a	500	158	12.0	20.0	14.0	7.0	119.304	93.654	46500	1120	19.7	3.07	1860	142
50b		160	14.0				129.304	101.504	48600	1170	19.4	3.01	1940	146
50c		162	16.0				139.304	109.354	50600	1220	19.0	2.96	2080	151

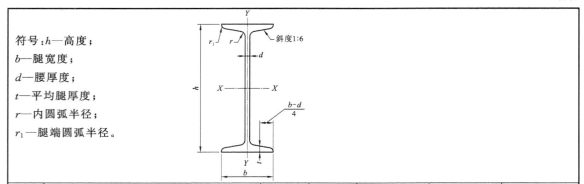

符号:h—高度;

b—腿宽度;

d—腰厚度;

t—平均腿厚度;

r—内圆弧半径;

r_1—腿端圆弧半径。

型号	截面尺寸/mm						截面面积/cm²	理论重量/(kg/m)	惯性矩/cm⁴		惯性半径/cm		截面模数/cm³	
	h	b	d	t	r	r_1			I_x	I_y	i_x	i_y	W_x	W_y
55a	550	166	12.5	21.0	14.5	7.3	134.185	105.335	62900	1370	21.6	3.19	2290	164
55b		168	14.5				145.185	113.970	65600	1420	21.2	3.14	2390	170
55c		170	16.5				156.185	122.605	68400	1480	20.9	3.08	2490	175
56a	560	166	12.5				135.435	106.316	65600	1370	22.0	3.18	2340	165
56b		168	14.5				146.635	115.108	68500	1490	21.6	3.16	2450	174
56c		170	16.5				157.835	123.900	71400	1560	21.3	3.16	2550	183
63a	630	176	13.0	22.0	15.0	7.5	154.658	121.407	93900	1700	24.5	3.31	2980	193
63b		178	15.0				167.258	131.298	98100	1810	24.2	3.29	3160	204
63c		180	17.0				179.858	141.189	102000	1920	23.8	3.27	3300	214

注:表中 r、r_1 的数据用于孔型设计,不做交货条件。

附表 A.2　槽钢截面尺寸、截面面积、理论重量及截面特性

符号：h—高度；

b—腿宽度；

d—腰厚度；

t—平均腿厚度；

r—内圆弧半径；

r_1—腿端圆弧半径；

Z_0—YY轴与Y_1Y_1轴间距。

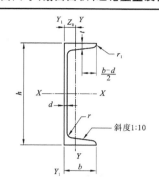

型号	截面尺寸/mm						截面面积/cm²	理论重量/(kg/m)	惯性矩/cm⁴			惯性半径/cm		截面模数/cm³		重心距离/cm
	h	b	d	t	r	r_1			I_x	I_y	I_{y1}	i_x	i_y	W_x	W_y	Z_0
5	50	37	4.5	7.0	7.0	3.5	6.928	5.438	26.0	8.30	20.9	1.94	1.10	10.4	3.55	1.35
6.3	63	40	4.5	7.5	7.5	3.8	8.451	6.634	50.8	11.9	28.4	2.45	1.19	16.1	4.50	1.36
6.5	65	40	4.3	7.5	7.5	3.8	8.547	6.709	55.2	12.0	28.3	2.54	1.19	17.0	4.59	1.38
8	80	43	5.0	8.0	8.0	4.0	10.248	8.045	101	16.6	37.4	3.15	1.27	25.3	5.79	1.43
10	100	48	5.3	8.5	8.5	4.2	12.748	10.007	198	25.6	54.9	3.95	1.41	39.7	7.80	1.52
12	120	53	5.5	9.0	9.0	4.5	15.362	12.059	346	37.4	77.7	4.75	1.56	57.7	10.2	1.62
12.6	126	53	5.5	9.0	9.0	4.5	15.692	12.318	391	38.0	77.1	4.95	1.57	62.1	10.2	1.59
14a	140	58	6.0	9.5	9.5	4.8	18.516	14.535	564	53.2	107	5.52	1.70	80.5	13.0	1.71
14b	140	60	8.0	9.5	9.5	4.8	21.316	16.733	609	61.1	121	5.35	1.69	87.1	14.1	1.67
16a	160	63	6.5	10.0	10.0	5.0	21.962	17.24	866	73.3	144	6.28	1.83	108	16.3	1.80
16b	160	65	8.5	10.0	10.0	5.0	25.162	19.752	935	83.4	161	6.10	1.82	117	17.6	1.75
18a	180	68	7.0	10.5	10.5	5.2	25.699	20.174	1270	98.6	190	7.04	1.96	141	20.0	1.88
18b	180	70	9.0	10.5	10.5	5.2	29.299	23.000	1370	111	210	6.84	1.95	152	21.5	1.84
20a	200	73	7.0	11.0	11.0	5.5	28.837	22.637	1780	128	244	7.86	2.11	178	24.2	2.01
20b	200	75	9.0	11.0	11.0	5.5	32.837	25.777	1910	144	268	7.64	2.09	191	25.9	1.95
22a	220	77	7.0	11.5	11.5	5.8	31.846	24.999	2390	158	298	8.67	2.23	218	28.2	2.10
22b	220	79	9.0	11.5	11.5	5.8	36.246	28.453	2570	176	326	8.42	2.21	234	30.1	2.03
24a	240	78	7.0	12.0	12.0	6.0	34.217	26.860	3050	174	325	9.45	2.25	254	30.5	2.10
24b	240	80	9.0	12.0	12.0	6.0	39.017	30.628	3280	194	355	9.17	2.23	274	32.5	2.03
24c	240	82	11.0	12.0	12.0	6.0	43.817	34.396	3510	213	388	8.96	2.21	293	34.4	2.00
25a	250	78	7.0	12.0	12.0	6.0	34.917	27.410	3370	176	322	9.82	2.24	270	30.6	2.07
25b	250	80	9.0	12.0	12.0	6.0	39.917	31.335	3530	196	353	9.41	2.22	282	32.7	1.98
25c	250	82	11.0	12.0	12.0	6.0	44.917	35.260	3690	218	384	9.07	2.21	295	35.9	1.92

符号:h—高度;
b—腿宽度;
d—腰厚度;
t—平均腿厚度;
r—内圆弧半径;
r_1—腿端圆弧半径;
Z_0—YY 轴与 Y_1Y_1 轴间距。

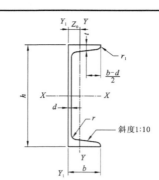

型号	截面尺寸/mm						截面面积/cm²	理论重量/(kg/m)	惯性矩/cm⁴			惯性半径/cm		截面模数/cm³		重心距离/cm
	h	b	d	t	r	r_1			I_x	I_y	I_{y1}	i_x	i_y	W_x	W_y	Z_0
27a		82	7.5				39.284	30.838	4360	216	393	10.5	2.34	323	35.5	2.13
27b	270	84	9.5				44.684	35.077	4690	239	428	10.3	2.31	347	37.7	2.06
27c		86	11.5	12.5	12.5	6.2	50.084	39.316	5020	261	467	10.1	2.28	372	39.8	2.03
28a		82	7.5				40.034	31.427	4760	218	388	10.9	2.33	340	35.7	2.10
28b	280	84	9.5				45.634	35.823	5130	242	428	10.6	2.30	366	37.9	2.02
28c		86	11.5				51.234	40.219	5500	268	463	10.4	2.29	393	40.3	1.95
30a		85	7.5				43.902	34.463	6050	260	467	11.7	2.43	403	41.1	2.17
30b	300	87	9.5	13.5	13.5	6.8	49.902	39.173	6500	289	515	11.4	2.41	433	44.0	2.13
30c		89	11.5				55.902	43.883	6950	316	560	11.2	2.38	463	46.4	2.09
32a		88	8.0				48.513	38.083	7600	305	552	12.5	2.50	475	46.5	2.24
32b	320	90	10.0	14.0	14.0	7.0	54.913	43.107	8140	336	593	12.2	2.47	509	49.2	2.16
32c		92	12.0				61.313	48.131	5690	374	643	11.9	2.47	543	52.6	2.09
36a		96	9.0				60.910	47.814	11900	455	818	14.0	2.73	660	63.5	2.44
36b	360	98	11.0	16.0	16.0	8.0	68.110	53.466	12700	497	880	13.6	2.70	703	66.9	2.37
36c		100	13.0				75.310	59.118	13400	536	948	13.4	2.67	746	70.0	2.34
40a		100	10.5				75.068	58.928	17600	592	1070	15.3	2.81	879	78.8	2.49
40b	400	102	12.5	18.0	18.0	9.0	83.068	65.208	18600	640	114	15.0	2.78	932	82.5	2.44
40c		104	14.5				91.068	71.488	19700	688	1220	14.7	2.75	986	86.2	2.42

注:表中 r、r_1 的数据用于孔型设计,不做交货条件。

附表 A.3　等边角钢截面尺寸、截面面积、理论重量及截面特性

符号：b——边宽度；
d——边厚度；
r——内圆弧半径；
r_1——边端圆弧半径；
Z_0——重心距离。

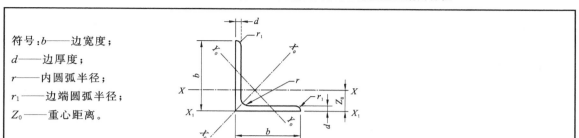

型号	截面尺寸/mm			截面面积/cm²	理论重量/(kg/m)	外表面积/(m²/m)	惯性矩/cm⁴				惯性半径/cm			截面模数/cm³			重心距离/cm
	b	d	r				I_x	I_{x1}	I_{x0}	I_{y0}	i_x	i_{x0}	i_{y0}	W_x	W_{x0}	W_{y0}	Z_0
2	20	3	3.5	1.132	0.889	0.078	0.40	0.81	0.63	0.17	0.59	0.75	0.39	0.29	0.45	0.20	0.60
		4		1.459	1.145	0.077	0.50	1.09	0.78	0.22	0.58	0.73	0.38	0.36	0.55	0.24	0.64
2.5	25	3		1.432	1.124	0.098	0.82	1.57	1.29	0.34	0.76	0.95	0.49	0.46	0.73	0.33	0.73
		4		1.859	1.459	0.097	1.03	2.11	1.62	0.43	0.74	0.93	0.48	0.59	0.92	0.40	0.76
3.0	30	3		1.749	1.373	0.117	1.46	2.71	2.31	0.61	0.91	1.15	0.59	0.68	1.09	0.51	0.85
		4		2.276	1.786	0.117	1.84	3.63	2.92	0.77	0.90	1.13	0.58	0.87	1.37	0.62	0.89
3.6	36	3	4.5	2.109	1.656	0.141	2.58	4.68	4.09	1.07	1.11	1.39	0.71	0.99	1.61	0.76	1.00
		4		2.756	2.163	0.141	3.29	6.25	5.22	1.37	1.09	1.38	0.70	1.28	2.05	0.93	1.04
		5		3.382	2.654	0.141	3.95	7.84	6.24	1.65	1.08	1.36	0.70	1.56	2.45	1.00	1.07
4	40	3		2.359	1.852	0.157	3.59	6.41	5.69	1.49	1.23	1.55	0.79	1.23	2.01	0.96	1.09
		4		3.086	2.422	0.157	4.60	8.56	7.29	1.91	1.22	1.54	0.79	1.60	2.58	1.19	1.13
		5		3.791	2.976	0.156	5.53	10.74	8.76	2.30	1.21	1.52	0.78	1.96	3.10	1.39	1.17
4.5	45	3	5	2.659	2.088	0.177	5.17	9.12	8.20	2.14	1.40	1.76	0.89	1.58	2.58	1.24	1.22
		4		3.486	2.736	0.177	6.65	12.18	10.56	2.75	1.38	1.74	0.89	2.05	3.32	1.54	1.26
		5		4.292	3.369	0.176	8.04	15.2	12.74	3.33	1.37	1.72	0.88	2.51	4.00	1.81	1.30
		6		5.076	3.985	0.176	9.33	18.36	14.76	3.89	1.36	1.70	0.8	2.95	4.64	2.06	1.33
5	50	3	5.5	2.971	2.332	0.197	7.18	12.5	11.37	2.98	1.55	1.96	1.00	1.96	3.22	1.57	1.34
		4		3.897	3.059	0.197	9.26	16.69	14.70	3.82	1.54	1.94	0.99	2.56	4.16	1.96	1.38
		5		4.803	3.770	0.196	11.21	20.90	17.79	4.64	1.53	1.92	0.98	3.13	5.03	2.31	1.42
		6		5.688	4.465	0.196	13.05	25.14	20.68	5.42	1.52	1.91	0.98	3.68	5.85	2.63	1.46
5.6	56	3	6	3.343	2.624	0.221	10.19	17.56	16.14	4.24	1.75	2.20	1.13	2.48	4.08	2.02	1.48
		4		4.390	3.446	0.220	13.18	23.43	20.92	5.46	1.73	2.18	1.11	3.24	5.28	2.52	1.53
		5		5.415	4.251	0.220	16.02	29.33	25.49	6.61	1.72	2.17	1.10	3.97	6.42	2.98	1.57
		6		6.420	5.040	0.220	18.69	35.26	29.66	7.73	1.71	2.15	1.10	4.68	7.49	3.40	1.61
		7		7.404	5.812	0.219	21.23	41.23	33.63	8.92	1.69	2.13	1.09	5.36	8.49	3.80	1.64
		8		8.367	6.568	0.219	23.63	47.24	37.37	9.89	1.68	2.11	1.09	6.03	9.44	4.16	1.68

符号:b——边宽度;

d——边厚度;

r——内圆弧半径;

r_1——边端圆弧半径;

Z_0——重心距离。

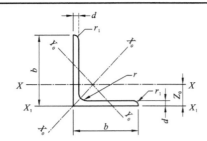

型号	截面尺寸 /mm			截面面积 /cm²	理论重量/ (kg/m)	外表面积/ (m²/m)	惯性矩/cm⁴				惯性半径/cm			截面模数/cm³			重心距离/cm
	b	d	r				I_x	I_{x1}	I_{x0}	I_{y0}	i_x	i_{x0}	i_{y0}	W_x	W_{x0}	W_{y0}	Z_0
6	60	5	6.5	5.829	4.576	0.236	19.89	36.05	31.57	8.21	1.85	2.33	1.19	4.59	7.44	3.48	1.67
		6		6.914	5.427	0.235	23.25	43.33	36.89	9.60	1.83	2.31	1.18	5.41	8.70	3.98	1.70
		7		7.977	6.262	0.235	26.44	50.65	41.92	10.96	1.82	2.29	1.17	6.21	9.88	4.45	1.74
		8		9.020	7.081	0.235	29.47	58.02	46.66	12.28	1.81	2.27	1.17	6.98	11.00	4.88	1.78
6.3	6.3	4	7	4.978	3.907	0.248	19.03	33.35	30.17	7.89	1.96	2.46	1.26	4.13	6.78	3.29	1.70
		5		6.143	4.822	0.248	23.17	41.73	36.77	9.57	1.94	2.45	1.25	5.08	8.25	3.90	1.74
		6		7.288	5.721	0.247	27.12	50.14	43.03	11.20	1.93	2.43	1.24	6.00	9.66	4.46	1.78
		7		8.412	6.603	0.247	30.87	58.60	48.96	12.79	1.92	2.41	1.23	6.88	10.99	4.98	1.82
		8		9.515	7.469	0.247	34.46	67.11	54.56	14.33	1.90	2.40	1.23	7.75	12.25	5.47	1.85
		10		11.657	9.151	0.246	41.09	84.31	64.85	17.33	1.88	2.36	1.22	9.39	14.56	6.36	1.93
7	7.0	4	8	5.570	4.372	0.275	26.39	45.74	41.80	10.99	2.18	2.74	1.40	5.14	8.44	4.17	1.86
		5		6.875	5.397	0.275	32.21	57.21	51.08	13.31	2.16	2.73	1.39	6.32	10.32	4.95	1.91
		6		8.160	6.406	0.275	37.77	68.73	59.93	15.61	2.15	2.71	1.38	7.48	12.11	5.67	1.95
		7		9.424	7.398	0.275	43.09	80.29	68.35	17.82	2.14	2.69	1.38	8.59	13.81	6.34	1.99
		8		10.667	8.373	0.274	48.17	91.92	76.37	19.98	2.12	2.68	1.37	9.68	15.43	6.98	2.03
7.5	75	5	9	7.412	5.818	0.295	39.97	70.56	63.30	16.63	2.33	2.92	1.50	7.32	11.94	5.77	2.04
		6		8.797	6.905	0.294	46.95	84.55	74.38	19.51	2.31	2.90	1.49	8.64	14.02	6.67	2.07
		7		10.160	7.976	0.294	53.57	98.71	84.96	22.18	2.30	2.89	1.48	9.93	10.02	7.44	2.11
		8		11.503	9.030	0.294	59.96	112.97	95.07	24.86	2.28	2.88	1.47	11.20	17.93	8.19	2.15
		9		12.825	10.068	0.294	66.10	127.30	104.71	27.48	2.27	2.86	1.46	12.43	19.75	8.89	2.18
		10		14.126	11.089	0.293	71.98	141.71	113.92	30.05	2.26	2.84	1.46	13.64	21.48	9.56	2.22

符号：b——边宽度；
d——边厚度；
r——内圆弧半径；
r_1——边端圆弧半径；
Z_0——重心距离。

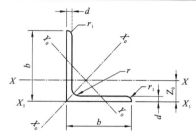

型号	截面尺寸/mm			截面面积/cm²	理论重量/(kg/m)	外表面积/(m²/m)	惯性矩/cm⁴				惯性半径/cm			截面模数/cm³			重心距离/cm
	b	d	r	/cm²	(kg/m)	(m²/m)	I_x	I_{x1}	I_{x0}	I_{y0}	i_x	i_{x0}	i_{y0}	W_x	W_{x0}	W_{y0}	Z_0
8	80	5	9	7.912	6.211	0.315	48.79	85.36	77.33	20.25	2.48	3.13	1.60	8.34	13.67	6.66	2.15
		6		9.397	7.376	0.314	57.35	102.50	90.98	23.72	2.47	3.11	1.59	9.87	16.08	7.65	2.19
		7		10.860	8.525	0.314	65.58	119.70	104.07	27.09	2.46	3.10	1.58	11.37	18.40	8.58	2.23
		8		12.303	9.658	0.314	73.49	136.97	116.60	30.39	2.44	3.08	1.57	12.83	20.61	9.46	2.27
		9		13.725	10.774	0.314	81.11	154.31	128.60	33.61	2.43	3.06	1.56	14.25	22.73	10.29	2.31
		10		15.126	11.874	0.313	88.43	171.74	140.09	36.77	2.42	3.04	1.56	15.64	24.76	11.08	2.35
9	90	6	10	10.637	8.350	0.354	82.77	145.87	131.26	34.28	2.79	3.51	1.80	12.61	20.63	9.95	2.44
		7		12.301	9.656	0.354	94.83	170.30	150.47	39.18	2.78	3.50	1.78	14.54	23.64	11.19	2.48
		8		13.944	10.946	0.353	106.47	194.80	168.97	43.97	2.76	3.48	1.78	16.42	26.55	12.35	2.52
		9		15.566	12.219	0.353	117.72	219.39	186.77	48.66	2.75	3.46	1.77	18.27	29.35	13.46	2.56
		10		17.167	13.476	0.353	128.58	244.07	203.90	53.26	2.74	3.45	1.76	20.07	32.04	14.52	2.59
		12		20.306	15.940	0.352	149.22	293.76	236.21	62.22	2.71	3.41	1.75	23.57	37.12	16.49	2.67
10	100	6	12	11.932	9.366	0.393	114.95	200.07	181.98	47.92	3.10	3.90	2.00	15.68	25.74	12.69	2.67
		7		13.796	10.830	0.393	131.86	233.54	208.97	54.74	3.10	3.89	1.99	18.10	29.55	14.26	2.71
		8		15.638	12.276	0.393	148.24	267.09	235.07	61.41	3.08	3.88	1.98	20.47	33.24	15.75	2.76
		9		17.462	13.708	0.392	164.12	300.73	260.30	67.95	3.07	3.86	1.97	22.79	36.81	17.18	2.80
		10		19.261	15.120	0.392	179.51	334.48	284.68	74.35	3.05	3.84	1.96	25.06	40.26	18.54	2.84
		12		22.800	17.898	0.391	208.90	402.34	330.95	86.84	3.03	3.81	1.95	29.48	46.80	21.08	2.91
		14		26.256	20.611	0.391	236.53	470.75	374.06	99.00	3.00	3.77	1.94	33.73	52.90	23.44	2.99
		16		29.627	23.257	0.390	262.53	539.80	414.16	110.89	2.98	3.74	1.94	37.82	58.57	25.63	3.06
11	110	7		15.196	11.928	0.433	177.16	310.64	280.94	73.38	3.41	4.30	2.20	22.05	36.12	17.51	2.96
		8		17.238	13.535	0.433	199.46	355.20	316.49	82.42	3.40	4.28	2.19	24.95	40.69	19.39	3.01
		10		21.261	16.690	0.432	242.19	444.65	384.39	99.98	3.38	4.25	2.17	30.60	49.42	22.91	3.09
		12		25.200	19.782	0.431	292.59	534.60	448.17	116.93	3.35	4.22	2.15	36.05	57.62	26.15	3.16
		14		29.056	23.809	0.431	320.71	625.16	508.01	133.40	3.32	4.18	2.14	41.31	65.31	29.14	3.24

续表

符号:b——边宽度;
d——边厚度;
r——内圆弧半径;
r_1——边端圆弧半径;
Z_0——重心距离。

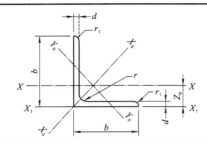

型号	截面尺寸/mm			截面面积/cm²	理论重量/(kg/m)	外表面积/(m²/m)	惯性矩/cm⁴				惯性半径/cm			截面模数/cm³			重心距离/cm
	b	d	r				I_x	I_{x1}	I_{x0}	I_{y0}	i_x	i_{x0}	i_{y0}	W_x	W_{x0}	W_{y0}	Z_0
12.5	125	8		19.750	15.504	0.492	297.03	521.01	470.89	123.16	3.88	4.88	2.50	32.52	53.28	25.86	3.37
		10		24.373	19.133	0.491	361.67	651.93	575.89	149.46	3.85	4.85	2.48	39.97	64.93	30.62	3.45
		12		28.912	22.696	0.491	423.16	783.42	671.44	174.88	3.83	4.82	2.46	41.17	75.96	35.03	3.53
		14		33.367	26.193	0.490	481.65	915.61	763.73	199.57	3.80	4.78	2.45	54.16	86.41	39.13	3.61
		16		37.739	29.625	0.489	537.31	1048.62	850.98	223.65	3.77	4.75	2.43	60.93	96.28	42.96	3.68
14	140	10	14	27.373	21.488	0.551	514.65	915.11	817.27	212.04	4.34	5.46	2.78	60.58	82.56	39.20	3.82
		12		32.512	25.522	0.551	603.68	1099.28	958.79	248.57	4.31	5.43	2.76	59.80	96.85	45.02	3.90
		14		37.567	28.490	0.550	688.81	1284.22	1093.56	284.06	4.28	5.40	2.75	68.75	110.47	50.45	3.98
		16		42.539	33.393	0.549	770.24	1470.07	1221.81	318.67	4.26	5.36	2.74	77.46	123.42	55.55	4.06
15	150	8		23.750	18.644	0.592	521.37	899.55	827.49	215.25	4.69	5.90	3.01	47.36	78.02	38.14	3.99
		10		29.373	23.058	0.591	637.50	1125.09	1012.79	262.21	4.66	5.87	2.99	58.35	95.49	45.51	4.08
		12		34.912	27.406	0.591	748.85	1351.26	1189.97	307.73	4.63	5.84	2.97	69.04	112.19	52.38	4.15
		14		40.367	31.688	0.590	855.64	1578.25	1359.30	351.98	4.60	5.80	2.95	79.45	128.16	58.83	4.23
		15		43.063	33.804	0.590	907.39	1692.10	1441.09	373.69	4.59	5.78	2.95	89.56	135.87	61.90	4.27
		16		46.739	35.806	0.589	958.08	1806.21	1521.08	395.14	4.58	5.77	2.94	89.69	143.40	64.89	4.31
16	160	10	16	31.502	24.739	0.630	779.53	1365.33	1237.30	321.76	4.98	6.27	3.20	66.70	109.36	52.76	4.31
		12		37.441	29.391	0.630	916.58	1639.59	1455.68	377.95	4.95	6.24	3.18	78.98	128.67	60.74	4.39
		14		43.296	33.937	0.629	1048.36	1914.68	1665.02	431.70	4.92	6.20	3.16	90.95	147.17	68.24	4.47
		16		49.067	38.518	0.629	1175.08	2190.82	1865.57	484.69	4.59	6.17	3.14	102.63	164.89	75.31	4.55
18	180	12		42.341	33.159	0.710	1331.35	2332.80	2100.10	542.61	5.59	7.05	3.58	100.82	165.00	78.41	4.89
		14		48.896	38.383	0.709	1514.48	2723.48	2407.42	621.53	5.56	7.02	3.56	116.25	189.14	88.38	4.97
		16		55.467	43.542	0.709	1700.99	3115.29	2703.37	698.60	5.54	6.98	3.55	131.13	212.40	97.83	5.05
		18		61.055	48.634	0.708	1875.12	3502.43	2988.24	762.01	5.50	6.94	3.51	145.64	234.78	105.14	5.13

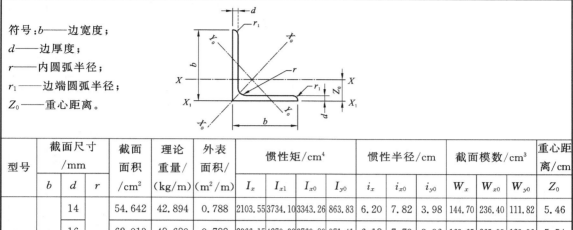

符号:b——边宽度；
d——边厚度；
r——内圆弧半径；
r_1——边端圆弧半径；
Z_0——重心距离。

型号	截面尺寸/mm			截面面积/cm²	理论重量/(kg/m)	外表面积/(m²/m)	惯性矩/cm⁴				惯性半径/cm			截面模数/cm³			重心距离/cm
	b	d	r				I_x	I_{x1}	I_{x0}	I_{y0}	i_x	i_{x0}	i_{y0}	W_x	W_{x0}	W_{y0}	Z_0
20	200	14	18	54.642	42.894	0.788	2103.55	3734.10	3343.26	863.83	6.20	7.82	3.98	144.70	236.40	111.82	5.46
		16		62.013	48.680	0.788	2366.15	4270.39	3760.89	971.41	6.18	7.79	3.96	163.65	265.93	123.96	5.54
		18		69.301	54.401	0.787	2620.64	4808.13	4164.54	1076.74	6.15	7.75	3.94	182.22	294.48	135.52	5.62
		20		76.505	60.056	0.787	2867.30	5347.51	4554.55	1180.04	6.12	7.72	3.93	200.42	322.06	146.55	5.69
		24		90.661	71.168	0.785	3338.25	6457.16	5294.97	1381.53	6.07	7.64	3.90	236.17	374.41	166.65	5.87
22	220	16	21	68.664	53.901	0.866	3187.36	5681.62	5063.73	1310.99	6.81	8.59	4.37	199.55	325.51	153.81	6.03
		18		76.752	60.250	0.866	3534.30	6395.93	5615.32	1453.27	6.79	8.55	4.35	222.37	360.97	168.29	6.11
		20		84.756	66.533	0.865	3871.49	7112.04	6150.08	1592.90	6.76	8.52	4.34	244.77	395.34	182.16	6.18
		22		92.676	72.751	0.865	4199.23	7830.19	6668.37	1730.10	6.73	8.48	4.32	266.78	428.66	195.45	6.26
		24		100.512	78.902	0.864	4517.83	8550.57	7170.55	1865.11	6.70	8.45	4.31	288.39	460.94	208.21	6.33
		26		108.264	84.987	0.864	4827.58	9273.39	7656.98	1998.17	6.68	8.41	4.30	309.62	492.21	220.49	6.41
25	250	18	24	87.842	68.956	0.985	5268.22	9379.11	8369.04	2167.41	7.74	9.76	4.97	290.12	473.42	224.03	6.84
		20		97.045	76.180	0.984	5779.34	10426.97	9181.94	2376.74	7.72	9.73	4.95	319.66	519.41	242.85	6.92
		24		115.201	90.433	0.983	6763.93	12529.74	10742.67	2785.19	7.66	9.66	4.92	377.34	607.70	278.38	7.07
		26		124.154	97.461	0.982	7238.08	13585.18	11491.33	2984.84	7.63	9.62	4.90	405.50	650.05	295.19	7.15
		28		133.022	104.422	0.982	7700.60	14643.62	12219.39	3181.81	7.61	9.58	4.89	433.22	691.23	311.42	7.22
		30		141.807	111.318	0.981	8151.80	15705.30	12927.26	3376.34	7.58	9.55	4.88	460.51	731.28	327.12	7.30
		32		150.508	118.149	0.981	8592.01	16770.41	13615.32	3568.71	7.56	9.51	4.87	487.39	770.20	342.33	7.37
		35		163.402	128.271	0.980	9232.44	18374.95	14611.16	3853.72	7.52	9.46	4.86	526.97	826.53	364.30	7.48

注:截面图中的 $r_1=1/3d$ 及表中 r 的数据用于孔型设计,不做交货条件。

附表A.4 不等边角钢截面尺寸、截面面积、理论重量及截面特性

符号:B——长边宽度;
b——短边宽度;
d——边厚度;
r——内圆弧半径;
r₁——边端圆弧半径;
X_0——重心距离;
Y_0——重心距离。

型号	截面尺寸/mm				截面面积/cm²	理论重量/(kg/m)	外表面积/(m²/m)	惯性矩/cm⁴					惯性半径/cm			截面模数/cm³			tanα	重心距离/cm	
	B	b	d	r				I_x	I_{x1}	I_y	I_{y1}	I_u	i_x	i_y	i_u	W_x	W_y	W_u		X_0	Y_0
2.5/1.6	25	16	3	3.5	1.162	0.912	0.080	0.70	1.56	0.22	0.43	0.14	0.78	0.44	0.34	0.43	0.19	0.16	0.392	0.42	0.86
			4		1.499	1.176	0.079	0.88	2.09	0.27	0.59	0.17	0.77	0.43	0.34	0.55	0.24	0.20	0.381	0.46	1.86
3.2/2	32	20	3	3.5	1.492	1.171	0.102	1.53	3.27	0.46	0.82	0.28	1.01	0.55	0.43	0.72	0.30	0.25	0.382	0.49	0.90
			4		1.939	1.522	0.101	1.93	4.37	0.57	1.12	0.35	1.00	0.54	0.42	0.93	0.39	0.32	0.374	0.53	1.08
4/2.5	40	25	3	4	1.890	1.484	0.127	3.08	5.39	0.93	1.59	0.56	1.28	0.70	0.54	1.15	0.49	0.40	0.385	0.59	1.12
			4		2.467	1.936	0.127	3.93	8.53	1.18	2.14	0.71	1.36	0.69	0.54	1.49	0.63	0.52	0.381	0.63	1.32
4.5/2.8	45	28	3	5	2.149	1.687	0.143	445	9.10	1.34	2.23	0.80	1.44	0.79	0.61	1.47	0.62	0.51	0.383	0.64	1.37
			4		2.806	2.203	0.143	5.69	12.13	1.70	3.00	1.02	1.42	0.78	0.60	1.91	0.80	0.66	0.380	0.68	1.47
5/3.2	50	32	3	5.5	2.431	1.908	0.161	6.24	12.49	2.02	3.31	1.20	1.60	0.91	0.70	1.84	0.82	0.68	0.404	0.73	1.51
			4		3.177	2.494	0.160	8.02	16.65	2.58	4.45	1.53	1.59	0.90	0.69	2.39	1.06	0.87	0.402	0.77	1.60
5.6/3.6	56	36	3	6	2.743	2.153	0.181	8.88	17.54	2.92	4.70	1.73	1.80	1.03	0.79	2.32	1.05	0.87	0.408	0.80	1.65
			4		3.590	2.818	0.180	11.45	23.39	3.76	6.33	2.23	1.79	1.02	0.79	3.03	1.37	1.13	0.408	0.85	1.78
			5		4.415	3.466	0.180	13.86	29.25	4.49	7.94	2.67	1.77	1.01	0.78	3.71	1.65	1.36	0.404	0.88	1.82
6.3/4	63	40	4	7	4.058	3.185	0.202	16.49	33.30	5.23	9.63	3.12	2.02	1.14	0.88	3.87	1.70	1.40	0.398	0.92	1.87
			5		4.993	3.920	0.202	20.02	41.63	6.31	10.86	3.76	2.00	1.12	0.87	4.74	2.07	1.71	0.396	0.95	2.04
			6		5.908	4.638	0.201	23.36	49.98	7.29	13.12	4.34	1.96	1.11	0.86	5.59	2.43	1.99	0.393	0.99	2.08
			7		6.802	5.339	0.201	26.53	58.07	8.24	15.47	4.97	1.98	1.10	0.86	6.40	2.78	2.29	0.389	1.03	2.12

续表

符号:B——长边宽度;
b——短边宽度;
d——边厚度;
r——内圆弧半径;
r₁——边端圆弧半径;
X₀——重心距离;
Y₀——重心距离。

型号	截面尺寸/mm				截面面积/cm²	理论重量/(kg/m)	外表面积/(m²/m)	惯性矩/cm⁴					惯性半径/cm			截面模数/cm³			$\tan\alpha$	重心距离/cm	
	B	b	d	r				I_x	I_{x1}	I_y	I_{y1}	I_u	i_x	i_y	i_u	W_x	W_y	W_u		X_0	Y_0
7/4.5	70	45	4	7.5	4.547	3.570	0.226	23.17	45.92	7.55	12.26	4.40	2.26	1.29	0.98	4.86	2.17	1.77	0.410	1.02	2.15
			5		5.609	4.403	0.225	27.95	57.10	9.13	15.39	5.40	2.23	1.28	0.98	5.92	2.65	2.19	0.407	1.06	2.24
			6		6.647	5.218	0.225	32.54	68.35	10.62	18.58	6.35	2.21	1.26	0.98	6.95	3.12	2.59	0.404	1.09	2.28
			7		7.657	6.011	0.225	37.22	79.99	12.01	21.84	7.16	2.20	1.25	0.97	8.03	3.57	2.94	0.402	1.13	2.32
7.5/5	75	50	5	8	6.125	4.808	0.245	34.86	70.00	12.61	21.04	7.41	2.39	1.44	1.10	6.83	3.30	2.74	0.435	1.17	2.36
			6		7.260	5.699	0.245	41.12	84.30	14.70	25.37	8.54	2.38	1.42	1.08	8.12	3.88	3.19	0.435	1.21	2.40
			8		9.467	7.431	0.244	52.39	112.50	18.53	34.23	10.87	2.35	1.40	1.07	10.52	4.99	4.10	0.429	1.29	2.44
			10		11.590	9.098	0.244	62.71	140.80	21.96	43.43	13.10	2.33	1.38	1.06	12.79	6.04	4.99	0.423	1.36	2.52
8/5	80	50	5	8	6.375	5.005	0.255	41.96	85.21	12.82	21.06	7.66	2.56	1.42	1.10	7.78	3.32	2.74	0.388	1.14	2.60
			6		7.560	5.935	0.255	49.49	102.53	14.95	25.41	8.85	2.56	1.41	1.08	9.25	3.91	3.20	0.387	1.18	2.65
			7		8.724	6.848	0.255	56.16	119.33	16.96	29.82	10.18	2.54	1.39	1.08	10.58	4.48	3.70	0.384	1.21	2.69
			8		9.867	7.745	0.254	62.83	136.41	18.85	34.32	11.38	2.52	1.38	1.07	11.92	5.03	4.16	0.381	1.25	2.73
9/5.6	90	56	5	9	7.212	5.661	0.287	60.45	121.32	18.32	29.53	10.98	2.90	1.59	1.23	9.92	4.21	3.49	0.385	1.25	2.91
			6		8.557	6.717	0.286	71.03	145.59	21.42	35.58	12.90	2.88	1.58	1.23	11.74	4.96	4.13	0.384	1.29	2.95
			7		9.880	7.756	0.286	81.01	169.60	24.36	41.71	14.67	2.86	1.57	1.22	13.49	5.70	4.72	0.382	1.33	3.00
			8		11.163	8.779	0.286	91.03	194.17	27.15	47.93	16.34	2.85	1.56	1.21	15.27	6.41	5.29	0.380	1.36	3.04

续表

符号:B——长边宽度;
b——短边宽度;
d——边厚度;
r——内圆弧半径;
r₁——边端圆弧半径;
X₀——重心距离;
Y₀——重心距离。

型号	截面尺寸/mm				截面面积/cm²	理论重量/(kg/m)	外表面积/(m²/m)	惯性矩/cm⁴					惯性半径/cm			截面模数/cm³			tanα	重心距离/cm	
	B	b	d	r				I_x	I_{x1}	I_y	I_{y1}	I_u	i_x	i_y	i_u	W_x	W_y	W_u		X_0	Y_0
10/6.3	100	63	6	10	9.617	7.550	0.320	99.06	199.71	30.94	50.50	18.42	3.21	1.79	1.38	14.64	6.35	5.25	0.394	1.43	3.24
			7		11.111	8.722	0.320	113.45	233.00	35.26	59.14	21.00	3.20	1.78	1.38	16.88	7.29	6.02	0.394	1.47	3.28
			8		12.534	9.878	0.319	127.37	266.32	39.39	67.88	23.50	3.18	1.99	1.37	19.08	8.21	6.78	0.391	1.50	3.32
			10		15.467	12.142	0.319	153.81	333.06	47.12	85.73	28.33	3.15	1.74	1.35	23.32	9.98	8.24	0.387	1.58	3.40
10/8	100	80	6	10	10.637	8.350	0.354	107.04	199.83	61.24	102.68	31.65	3.17	2.40	1.72	15.19	10.16	8.37	0.627	1.97	2.95
			7		12.301	9.656	0.354	122.73	233.20	70.08	119.98	36.17	3.16	2.39	1.72	17.52	11.71	9.60	0.626	2.01	3.0
			8		13.944	10.946	0.353	137.92	266.61	78.58	137.37	40.58	3.14	2.37	1.71	19.81	13.21	10.80	0.625	2.05	3.04
			10		17.167	13.476	0.353	166.87	333.63	94.05	172.48	49.10	3.12	2.35	1.69	24.24	16.12	13.12	0.622	2.13	3.12
11/7	110	70	6	10	10.637	8.350	0.354	133.37	265.78	42.92	69.08	25.36	3.54	2.01	1.54	17.85	7.90	6.53	0.403	1.57	3.53
			7		12.301	9.656	0.354	153.00	310.07	49.01	80.82	28.95	3.53	2.00	1.53	20.60	9.09	7.50	0.402	1.61	3.57
			8		13.944	10.946	0.353	172.04	354.39	54.87	92.70	32.45	3.51	1.98	1.53	23.30	10.25	8.45	0.401	1.65	3.62
			10		17.167	13.476	0.353	208.39	443.13	65.88	116.83	39.20	3.48	1.96	1.51	28.54	12.48	10.29	0.397	1.72	3.70
12.5/8	125	80	7	11	14.096	11.066	0.403	227.98	454.99	74.42	120.32	43.81	4.02	2.30	1.76	26.86	12.01	9.92	0.408	1.80	4.01
			8		15.989	12.551	0.403	256.77	519.99	83.49	137.85	49.15	4.01	2.28	1.75	30.41	13.56	11.18	0.407	1.84	4.06
			10		19.712	15.474	0.402	312.04	650.09	100.67	173.40	59.45	3.98	2.26	1.74	37.33	16.56	13.64	0.404	1.92	4.14
			12		23.351	18.330	0.402	364.41	780.39	116.67	209.67	69.35	3.95	2.24	1.72	44.01	19.43	16.01	0.400	2.00	4.22

续表

符号：B——长边宽度；
b——短边宽度；
d——边厚度；
r——内圆弧半径；
r₁——边端圆弧半径；
X₀——重心距离；
Y₀——重心距离。

型号	截面尺寸/mm				截面面积/cm²	理论重量/(kg/m)	外表面积/(m²/m)	惯性矩/cm⁴					惯性半径/cm			截面模数/cm³			$\tan\alpha$	重心距离/cm	
	B	b	d	r				I_x	I_{x1}	I_y	I_{y1}	I_u	i_x	i_y	i_u	W_x	W_y	W_u		X_0	Y_0
14/9	140	90	8	12	18.038	14.160	0.453	365.64	730.53	120.69	195.79	70.83	4.50	2.59	1.98	38.48	17.34	14.31	0.411	2.04	4.50
			10		22.261	17.475	0.452	445.50	913.20	140.03	245.92	85.82	4.47	2.56	1.96	47.31	21.22	17.48	0.409	2.12	4.58
			12		26.400	20.724	0.451	521.59	1096.09	169.79	296.89	100.21	4.44	2.54	1.95	55.87	24.95	20.54	0.406	2.19	4.66
			14		30.456	23.908	0.451	594.10	1279.26	192.10	348.82	114.13	4.42	2.51	1.94	64.18	28.54	23.52	0.403	2.27	4.74
15/9	150	90	8	12	18.839	14.788	0.473	442.05	898.35	122.80	195.96	74.14	4.84	2.55	1.98	43.86	17.47	14.48	0.364	1.97	4.92
			10		23.261	18.260	0.472	539.24	1122.85	148.62	246.26	89.86	4.81	2.53	1.97	53.97	21.38	17.69	0.362	2.05	5.01
			12		27.600	21.666	0.471	632.08	1347.50	172.85	297.46	104.95	4.79	2.50	1.95	63.79	25.14	20.80	0.359	2.12	5.09
			14		31.856	25.007	0.471	720.77	1572.38	195.62	349.74	119.53	4.76	2.48	1.94	73.33	28.77	23.84	0.356	2.20	5.17
			15		33.952	26.652	0.471	763.62	1684.93	206.50	376.33	126.67	4.74	2.47	1.93	77.99	30.53	25.33	0.354	2.24	5.21
			16		36.027	28.281	0.470	805.51	1797.55	217.07	403.24	133.72	4.73	2.45	1.93	82.60	32.27	26.92	0.352	2.27	5.25
16/10	160	100	10	13	25.315	19.872	0.512	668.69	1362.89	205.03	336.59	121.74	5.14	2.85	2.19	62.13	26.56	21.92	0.390	2.28	5.24
			12		30.054	23.592	0.511	784.91	1635.56	239.06	405.94	142.33	5.11	2.82	2.17	73.49	31.28	25.79	0.388	2.36	5.32
			14		34.709	27.247	0.510	896.30	1908.50	271.20	476.42	162.23	5.08	2.80	2.16	84.56	35.83	29.56	0.385	2.43	5.40
			16		39.281	30.835	0.510	1003.04	2181.79	301.60	548.22	182.57	5.05	2.77	2.16	95.33	40.24	33.44	0.382	2.51	5.48

续表

符号：B——长边宽度；
b——短边宽度；
d——边厚度；
r——内圆弧半径；
r₁——边端圆弧半径；
X₀——重心距离；
Y₀——重心距离。

型号	截面尺寸/mm				截面面积/cm²	理论重量/(kg/m)	外表面积/(m²/m)	惯性矩/cm⁴					惯性半径/cm			截面模数/cm³			tanα	重心距离/cm	
	B	b	d	r				I_x	I_{x1}	I_y	I_{y1}	I_u	i_x	i_y	i_u	W_x	W_y	W_u		X_0	Y_0
18/11	180	110	10	14	28.373	22.273	0.571	956.25	1940.40	278.11	447.22	166.50	5.80	3.13	2.42	78.96	32.49	26.88	0.376	2.44	5.89
			12		33.712	26.440	0.571	1124.72	2328.38	325.03	538.94	194.87	5.78	3.10	2.40	93.53	38.32	31.66	0.374	2.52	5.98
			14		38.967	30.589	0.570	1286.91	2716.60	369.55	631.95	222.30	5.75	3.08	2.39	107.76	43.97	36.32	0.372	2.59	6.06
			16		44.139	34.649	0.569	1443.06	3105.15	411.85	726.46	248.94	5.72	3.06	2.38	121.64	49.44	40.87	0.369	2.67	6.14
20/12.5	200	125	12	14	37.912	29.761	0.641	1570.90	3193.85	483.16	787.74	285.79	6.44	3.57	2.74	116.73	49.99	41.23	0.392	2.83	6.54
			14		43.687	34.436	0.640	1800.97	3726.17	550.83	922.47	326.58	6.41	3.54	2.73	134.65	57.44	47.34	0.390	2.91	6.62
			16		49.739	39.045	0.639	2023.35	4258.88	615.44	1058.86	366.21	6.38	3.52	2.71	152.18	64.89	53.32	0.388	2.99	6.70
			18		55.526	43.588	0.639	2238.30	4792.00	677.19	1197.13	404.83	6.35	3.49	2.70	169.33	71.74	59.18	0.385	3.06	6.78

注：截面图中的 $r_1=1/3d$ 及表中 r 的数据用于孔型设计，不做交货条件。

附表 A.5 L型钢截面尺寸、截面面积、理论重量及截面特性

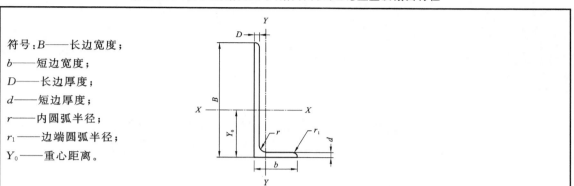

符号：B——长边宽度；

b——短边宽度；

D——长边厚度；

d——短边厚度；

r——内圆弧半径；

r_1——边端圆弧半径；

Y_0——重心距离。

型号	截面尺寸/mm						截面面积/ cm²	理论重量/ kg/m	惯性矩 I_x/ cm⁴	重心距离 Y_0/cm
	B	b	D	d	r	r_1				
L250×90×9×13			9	13			33.4	26.2	2190	8.64
L250×90×10.5×15	250	90	10.5	15			38.5	30.3	2510	8.76
L250×90×11.5×16			11.5	16	15	7.5	41.7	32.7	2710	8.90
L300×100×10.5×15			10.5	15			45.3	35.6	4290	10.6
L300×100×11.5×16	300	100	11.5	16			49.0	38.5	4630	10.7
L350×120×10.5×16			10.5	16			54.9	43.1	7110	12.0
L350×120×11.5×18	350	120	11.5	18			60.4	47.4	7780	12.0
L400×120×11.5×23	400	120	11.5	23			71.6	56.2	11900	13.3
L450×120×11.5×25	450	120	11.5	25	20	10	79.5	62.4	16800	15.1
L500×120×12.5×33			12.5	33			98.6	77.4	25500	16.5
L500×120×13.5×35	500	120	13.5	35			105.0	82.8	27100	16.6

附录 B

单层钢结构图纸

序号	说明书或图纸名称	图纸编号		图纸规格	图纸张数	折合A1图	版本状态
		新 图	复用图				
1	图纸目录	[SH]010JG-2-1		A4	1	0.125	A
2	结构设计总说明	[SH]010JG-2-2		A2	1	0.500	A
3	桩基平面布置图	[SH]010JG-2-3		A1	1	1.000	A
4	基础详图	[SH]010JG-2-4		A1	1	1.000	A
5	结构平面布置图	[SH]010JG-2-5		A2	1	0.500	A
6	GJ-1详图(一)	[SH]010JG-2-6		A2	1	0.500	A
7	GJ-1详图(二)	[SH]010JG-2-7		A2	1	0.500	A
8	GJ-2详图	[SH]010JG-2-8		A2	1	0.500	A
9	柱间支撑详图	[SH]010JG-2-9		A1	1	1.000	A
10	屋面水平支撑详图	[SH]010JG-2-10		A2	1	0.500	A
11	吊车梁系统布置图	[SH]010JG-2-11		A2	1	0.500	A
12	吊车梁详图(一)	[SH]010JG-2-12		A1	1	1.000	A
13	吊车梁详图(二)	[SH]010JG-2-13		A2	1	0.500	A
14	屋面布置图	[SH]010JG-2-14		A2	1	0.500	A
15	屋面构件详图	[SH]010JG-2-15		A2	1	0.500	A
16	墙梁布置图	[SH]010JG-2-16		A1	1	1.000	A
17	雨蓬、墙身节点详图	[SH]010JG-2-17		A1	1	1.000	A
18	电缆沟及平车基础图	[SH]010JG-2-18		A1	1	1.000	A
	合计				18	12.125	

山东××钢结构建筑设计有限公司 SHAN DONG xxxx STEEL STRUCTURE ARCHITECTURAL DESIGN CO.,LTD			资质证书号	XXXXXX-SY
			注册师印章编号	XXXXXX-S002
项目负责人	审 核	日照××××重工有限公司	工 程 号	010-2007
专业负责人	设 计	管子,舾装车间	第 1 张 共 18 张	
审 定	绘 图	图纸目录	日 期	版本A
			图 号	[SH]010JG-2-1

结 构 设 计 总 说 明

一、概况

1. 本工程为河南省门式刚架轻型厂房,跨度为18m单跨无吊顶,柱距6m。厂房檐口高度为27m+24m。厂房刚架柱脚加工安装,吊车梁采用现浇混凝土吊车梁。本工程为非抗震设防。本工程结构安全等级为二级。

（附录A）。本项目中尽量采用标准图,加工材料、原、O面面供材核。

2. 本工程安全等级为一级,结构设计使用年限为50年。

3. 本工程结构施工图中所注尺寸均以mm为单位,标高以m以及以标高为单位。

二、设计依据

1. 本项目所在地抗震设防烈度 7度设计,设计基本地震加速度值 0.10g。

2. 设计中采用的规范:
   - (1)《建筑结构荷载规范》(GB 50009—2012)
   - (2)《建筑地基基础设计规范》(GB 50011—2010)
   - (3)《冷弯薄壁型钢结构技术规范》(GB 50018—2002)
   - (4)《钢结构设计规范》(GB 50017—2003)
   - (5)《门式刚架轻型房屋钢结构技术规程》(GB 51022—2015)
   - (6)《钢结构焊接规范》(GB 50661—2011)
   - (7)《混凝土结构设计规范》(GB 50010—2010)
   - (8)《建筑地基基础设计规范》(GB 50007—2011)
   - (9)《钢结构高强度螺栓连接技术规程》(JGJ 82—2011)

三、设计主要荷载

- 基本风压:0.4kN/m² 屋面活荷载:0.3kN/m²
- 活荷载: 0.30kN/m²（计算屋面木） 0.50kN/m²（实验）

四、主要材料

1. 本设计中钢梁结构采用 Q345—B钢,其余板柱及构件应符合《碳素结构钢》(GB/T 1591—2008)之规定。节点板采用 Q235—B钢,其应力应符合《碳素结构钢》(GB/T 700—2006)之规定。

2. 手工焊 Q235采用 E43XX系列,其技术条件应符合《非合金及低合金钢焊条》(GB/T 5117—2012)中的规定要求。

   手工焊 Q345采用 E50XX系列,其技术条件应符合《热强钢焊条》(GB/T 5118—2012)中的规定要求。

   自动焊或自动埋弧焊用焊丝和相应焊剂相适应与焊件应为的金属力学性能相适应,并应符合《焊接用钢丝》(GB/T 14957—94)的规定。

第二列

3. 普通螺栓:C级螺栓、螺栓和螺母、采用 Q235级,其连接应应应符合 GB/T 5780—2016、GB/T 41—2016、GB/T 95—2002之规定。普通螺栓时支撑及螺栓、柱连接安装螺栓的连接。

   高强度螺栓:采用扭剪型 10.9级 M20高强度螺栓连接。其预应力系数为 M20、高强度螺栓的抗拉力 0.50。
   (GB/T 3632—2008)之规定。高强度螺栓抗拉力不小于 155kN。

4. 钢材、连接件、焊、焊、焊接及螺栓、送料及基本。高强度螺栓要求。

5. 钢材连接件采用高强度螺栓,其连接方式采用承压型。

6. 厂房标高 1.000以下材料采用 MU10至复合砌砌块砖砌<8kN/M³>。除复合砌砖以下采用 M5.0混凝土砂浆砌,其余均用 M5.0混合砂浆砌。

7. 柱脚锚栓采用 Q235A钢。

8. 图中未注明混凝土垫层均为 C25。

五、焊接件及注意要点:

1. 钢材应了解梁景《《钢结构(普通工程轻钢板技术要求)》(GB 50205—2001)的技术要求、远墙(结构钢)、安装钢板。

2. 所有接头件、/连、K型坡口等焊缝、对拼缝的外观检查和无损检测探伤应达到一级质量。钢材焊件件,应在现场布置的上侧向末端,视置接头墙边位后,墙在安装之以上接质保证屋面质量。

3. 高强度螺栓连接处应符合《钢结构高强度螺栓连接技术规程》的规定。

4. 高强度螺栓连接副应符合《钢结构高强度螺栓连接技术规程》的规定。

5. 高强度螺栓连接处表面要求露出一条缝,如无用接触,要件缝位置在焊缝距以外,粒工。

6. 所有图示高强度螺栓处均要要件接一条缝,如末端加角要件缝距离为=6mm。

7. 所有节中末注明的焊缝应一条件,未注焊缝角焊缝最大焊脚尺寸应当件反注件焊脚尺寸不于 6mm时,对 h_t =6mm。 对 h_t 不起值。

8. 所有加角末注明的焊缝重件栓均为均为的对1.5mm×15mm。

9. 普通螺栓孔比螺栓杆大 1.5mm制成,高强度螺栓孔比末栓径公称值径。螺栓孔用无钻成,孔比似螺栓公称径圆,北比似螺栓公称径。

第二列下

10. 钢结构发生或且具有应力后,不得主要受力构件上墙。

八、钢结构架支

1. 屋面架支

   钢材表在钢件、未面或底部钢件, 防水等级采到 So2.5级。

2. 涂装

   钢材进出后需离离开热喷锌,工序钢涂涂布一道喷锌,应应5小时(夏里数次约为2~4小时)内涂一遍红丹漆,底子放小于干锌漆,才补好油隔层。 第一道比大肢,底及大体达到,待安装完成后补第二道比大肢表。待完安装后末料,再用刷表漆刷补刷全料,至达到设计要求。

   涂底末涂料部位及应端部约 50毫末面加补油面漆。

   应涂涂部分及沥表、涂漆、及墙末的料部位漆漆连接连用涂表再涂,安装完毕后末桶材达到的各涂应设在接涂墙、末油表度,再涂刷涂浆,应后应除的火度进行涂表字。

九、防火

钢结构柱及梁端面处由专业防火要求。

十、钢结构接件

(1) 两柱主与后砌墙的墙连接件按墙留下面留工,需工以次配合合钢基础底应墙留置。在钢结构接墙接墙。

(2) 屋高末用100mm厚加气砌块块(穿墙材制 07级)、M7.5墙墙碎墙墙块块。未<4m墙框墙架件 GZ1, 在墙两两末柱连接墙墙连接钢接墙墙土整墙 QL1。构造柱连接主次工后配置,纵水布墙墙后边浇,柱柱墙墙墙墙接墙入柱比长 450mm。

十一、图例

1. 图例
   - ◇ 永久螺栓
   - ◆ 高强螺栓
   - ⊕ 安装螺栓
   - ━ 圆孔螺栓孔
   - ⊥ 共地

（焊接与螺栓拼接详图）

GZ1
QL1

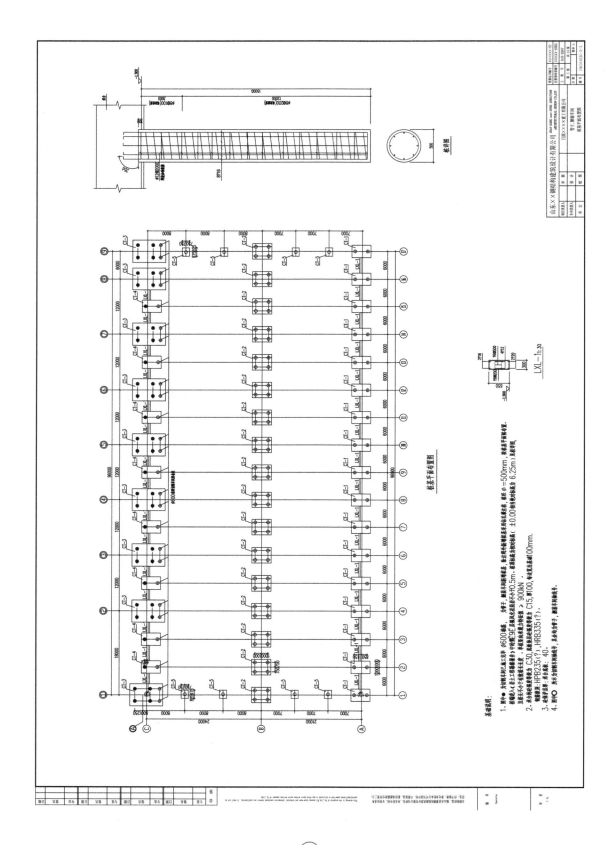

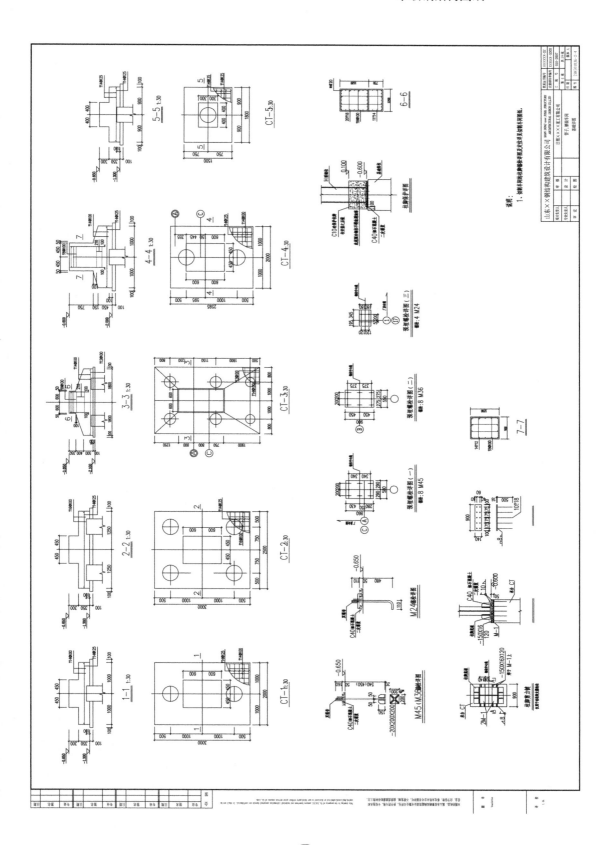

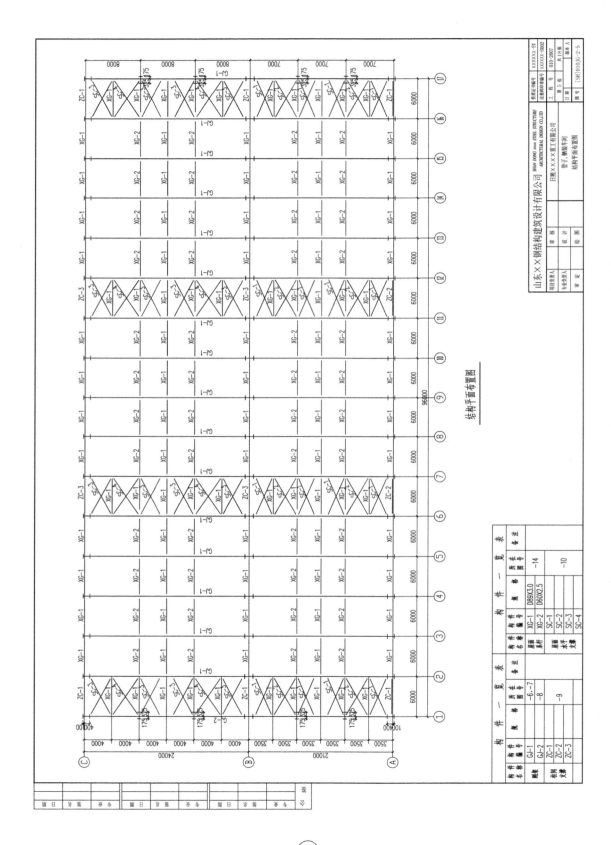

结构平面布置图

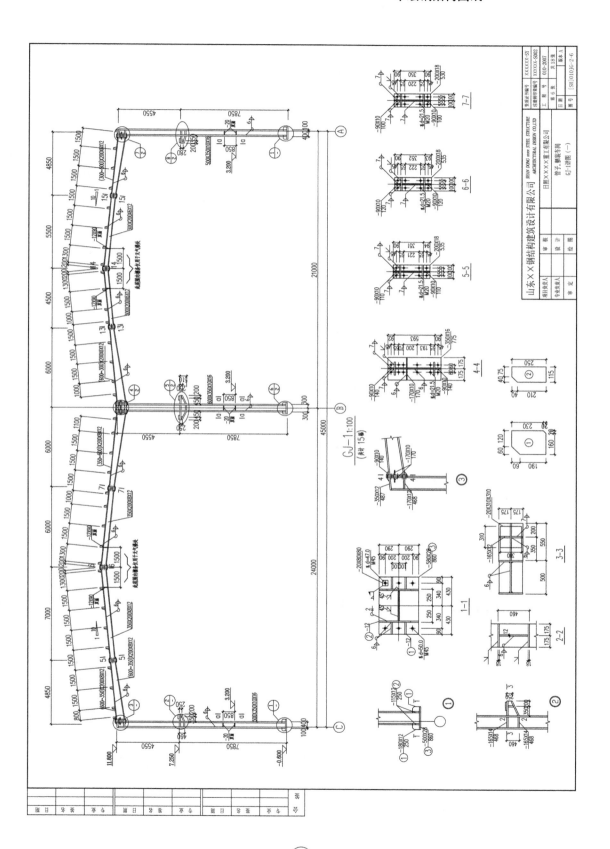

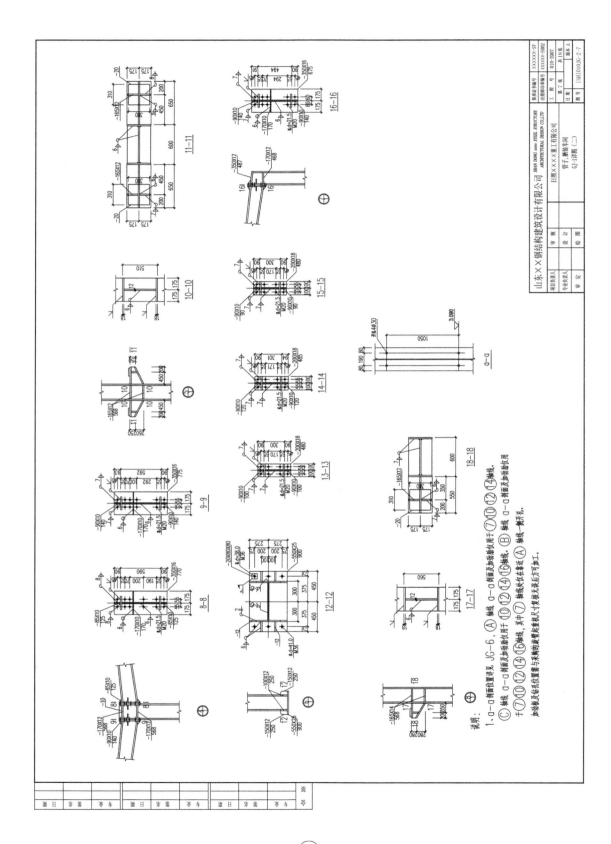

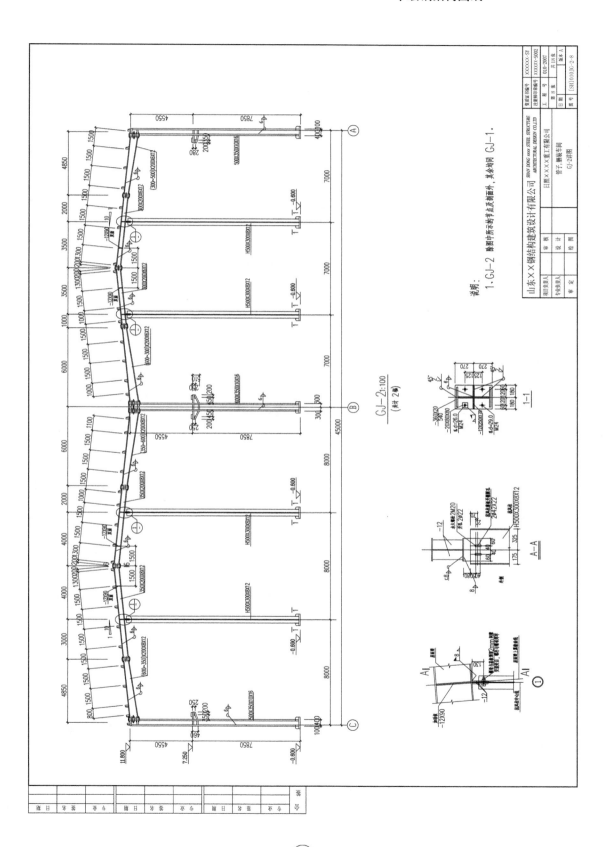

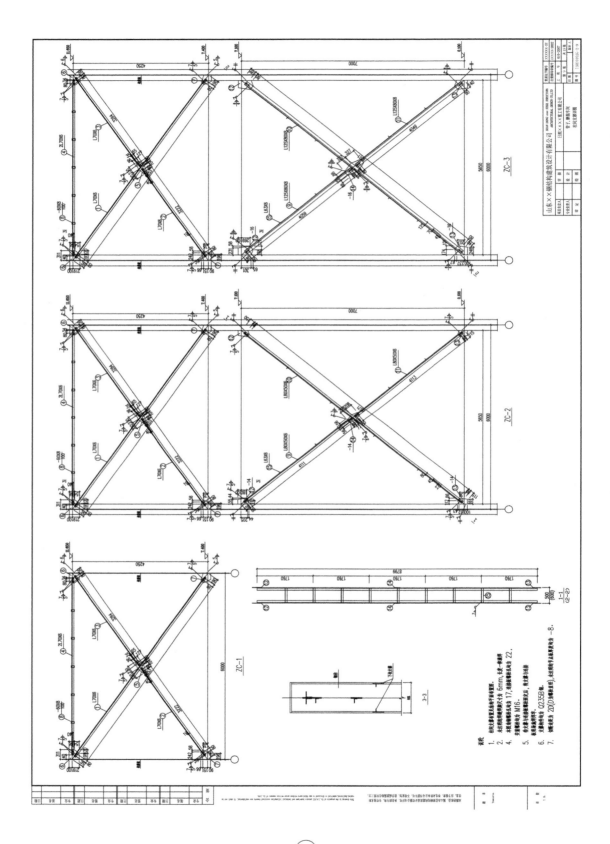

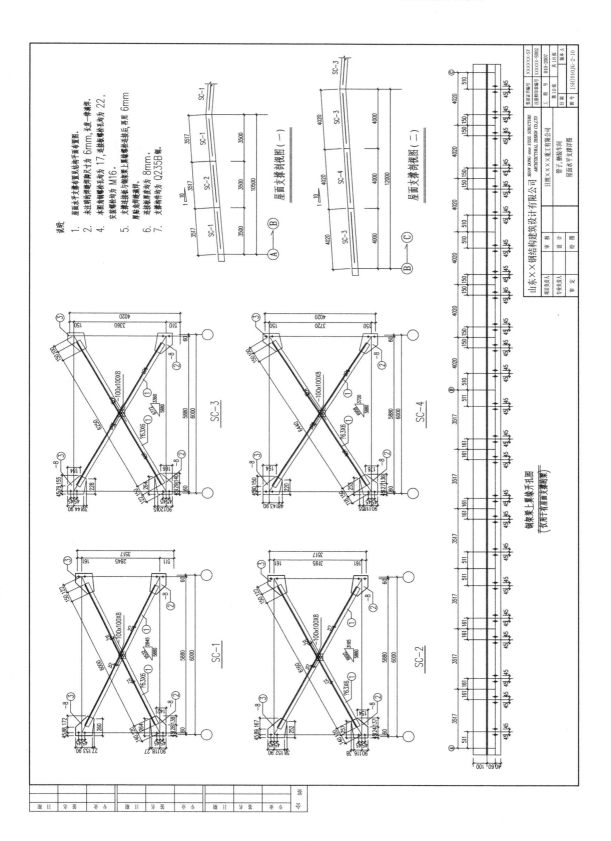

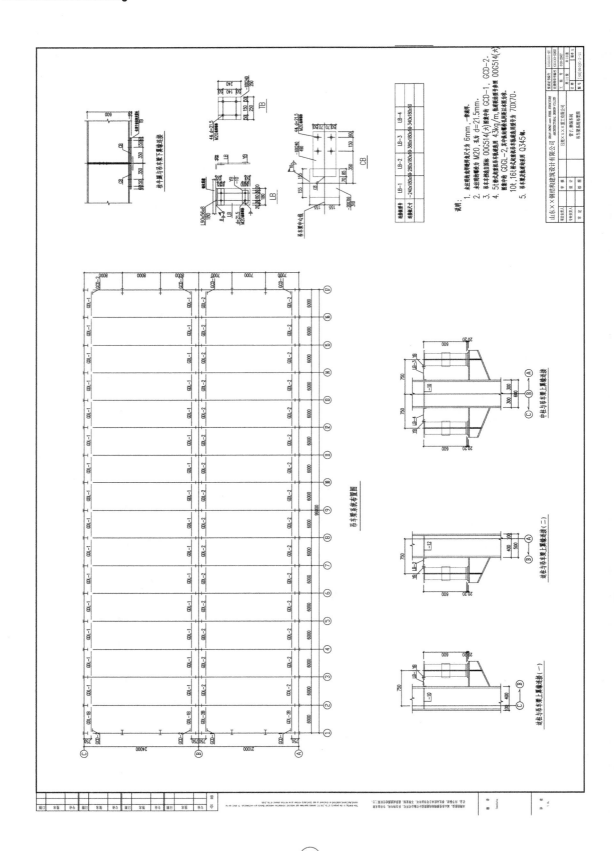

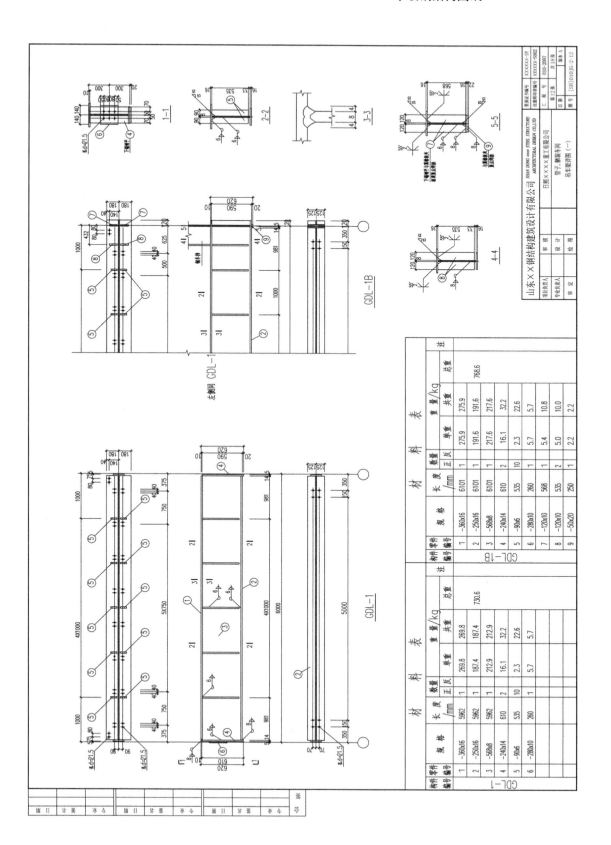

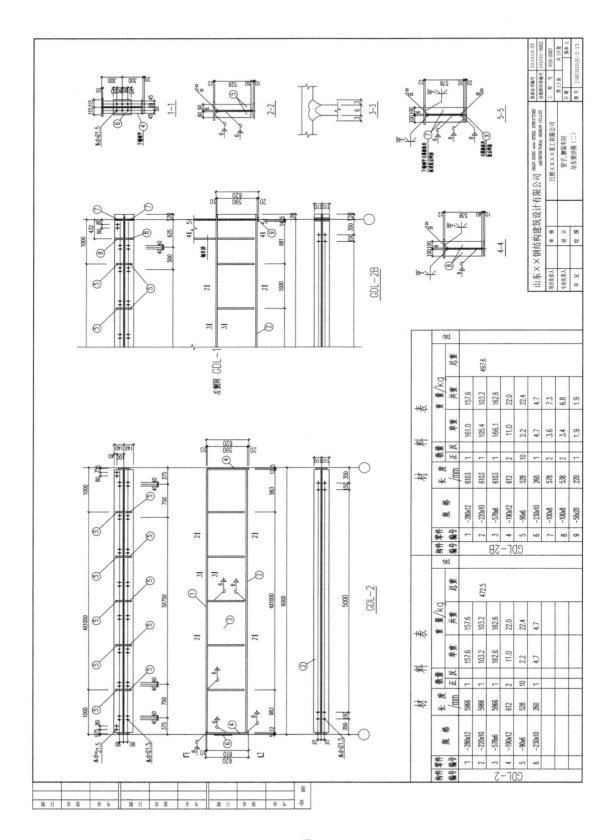

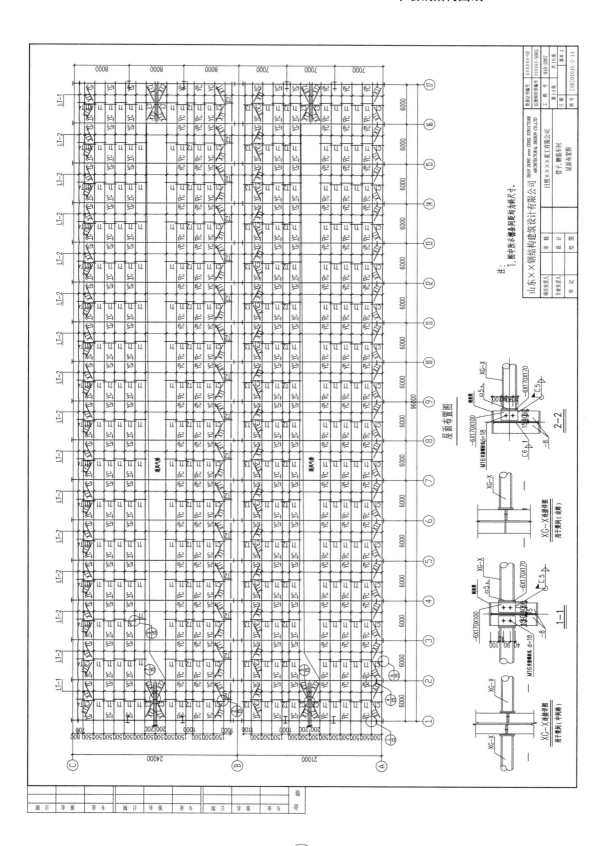

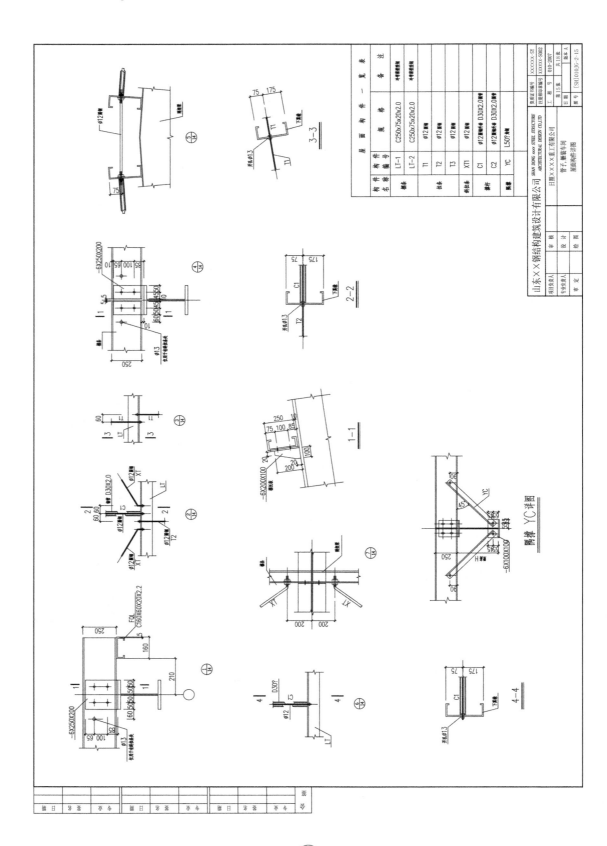

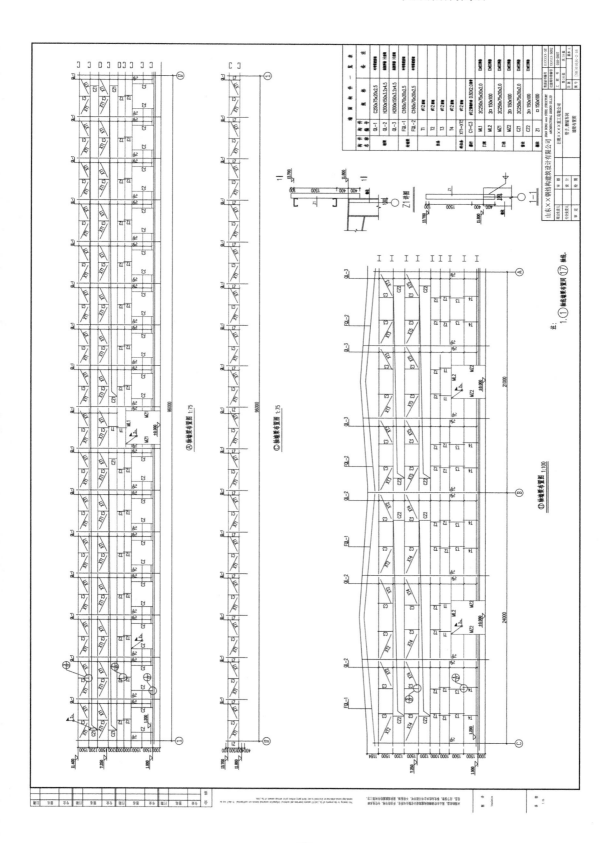

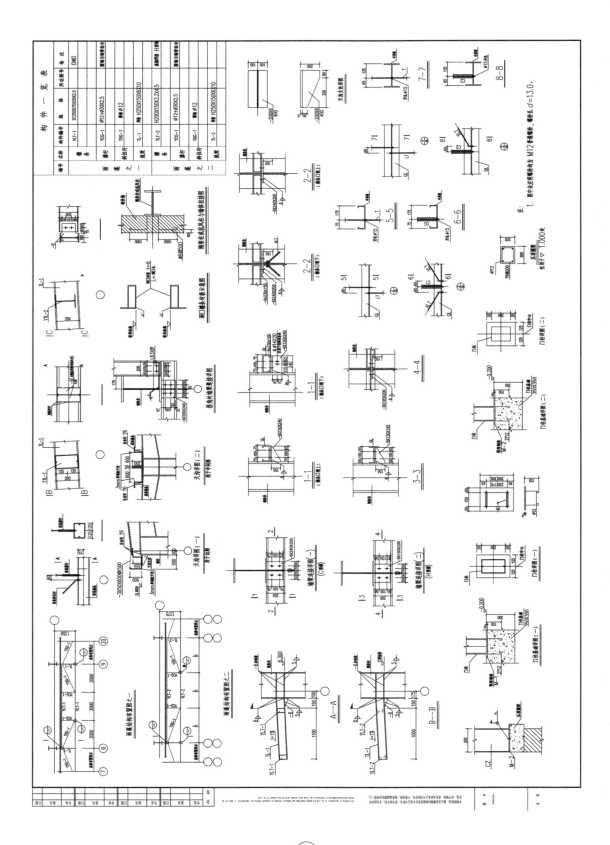

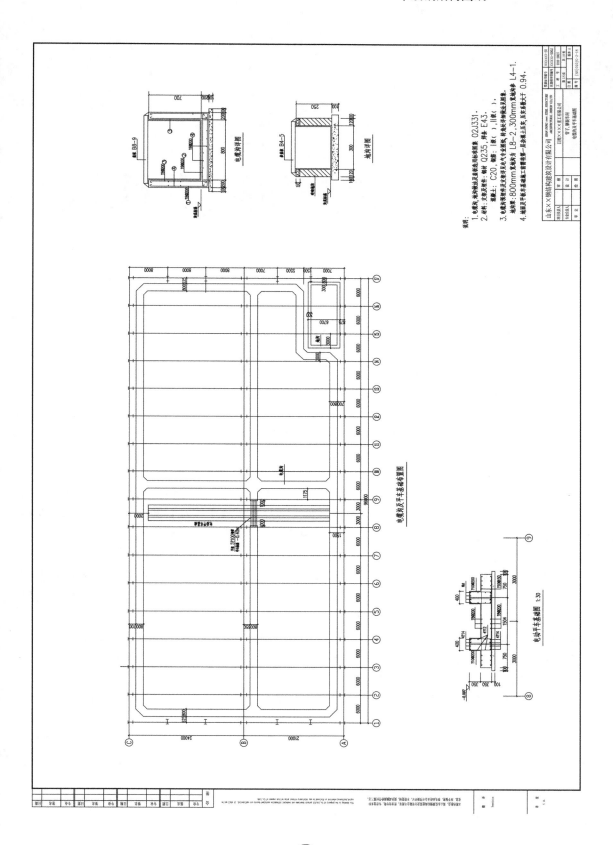

附录 C 某公司厂房钢结构施工组织设计

一、编制依据

(1) 施工图纸。

(2) 施工现场实地踏勘。

(3)《钢结构设计规范》(GB 50017—2003)。

(4)《冷弯薄壁型钢结构技术规范》(GB 50018—2002)。

(5)《碳素结构钢》(GB/T 700—2006)。

(6)《非合金钢及细晶粒钢焊条》(GB/T 5117—2012)。

(7)《钢结构焊接规范》(GB 50661—2011)。

(8)《钢结构高强度螺栓连接技术规程》(JGJ 82—2011)。

(9)《钢结构工程施工质量验收规范》(GB 50205—2001)。

二、工程概况

(1) 1#、2#、3#厂房的基础以粉质黏土为持力层,基础为柱下独立基础及条形基础,基础混凝土强度等级为 C25,基础埋置深度为 1.2 米。钢架梁柱等主要构件均采用 Q235B 钢,焊条采用 E43-××型,高强度螺栓为大六角高强度螺栓,性能为 10.9 级;普通螺栓采用 Q235BF 钢制作,墙梁和檩条及有关附件采用 Q235 钢制作,拉条、拉索为 HPB 235 圆钢。

所有钢结构应严格除锈,手工应达 St2 级,刷防锈底漆红丹防锈漆两道,灰醇酸调合面漆两道,涂层干漆总厚度为 120;高强度螺栓连接范围内不允许涂刷油漆或油污,其摩擦系数应达到 0.35 以上。钢结构防火能力满足的耐火极限:钢柱为 2 h,钢梁为 1.5 h。

(2) 本工程钢构件采用各种不同规格无缝钢管,在钢结构厂家手工焊接组合成单一钢构件运至现场,采用边安装、边校正定位、边焊接的方法完成每一层连接钢构件龙骨的组合。

(3) 焊接材料:手工焊接用的焊条质量应符合现行国家标准。

(4) 本工程焊缝质量等级:对接 T 型及斜字型与坡口焊缝为二级,圆管平行对接焊缝,均应符合《气焊、焊条电弧焊、气体保护焊和高能束焊的推荐坡口》(GB/T 985.1—2008)的要求,未注明的焊缝均为角焊缝,焊缝高度为较薄焊件厚度的 1.2 倍,且不少于 5 mm 沿长度方向满焊,焊缝质量等级为二级,壁厚 7 mm 以上采用坡口焊缝,6 mm 以下无坡口焊接,留缝隙 3 mm 进行焊接。

(5) 主体钢结构构件:钢结构配件等表面除锈等级为 Sa2.5 级,喷砂除锈后喷涂防锈底漆一道,按设计要求及国家有关规定执行。

三、制作工艺

1. 放样

（1）制作样板时用金属划针放样，以确保其样板的精密性和正确性。放样以1∶1的比例在样板台上弹出大样，当大样尺寸过大时，可分段弹出。该工程的一些构件只对其节点有要求，可缩小比例弹出样子，但应注意精度。先以构件的某一水平线和垂直线为基准，弹出十字线，两线必须垂直。然后依据此十字线划出其他各个点及线，并在节点旁注上尺寸，以备复查。交接点处应钉上薄铁皮，用划针划上连接线并用尖锐的样冲或划针轻轻地将点敲出，并加以保护。放样结束自检后须经各工种专职检验员检验，以确保各构件加工的几何尺寸、角度和安装接触面等的准确性。

（2）工程中复杂的零件，在图纸中不易确定的尺寸，应通过计算机放样方法确定，放样应严格按施工图、工艺文件和技术规定的要求进行，必要时应核对设计图。放样所用量具应按计量规定定期检定，并与标准进行核对。

（3）放样线条必须光顺、连续、清晰，放样后须报验。报验合格后，根据具体要求，准备必要的放样下料草图或制作号料样板、样杆、样条以及加工样板，标明产品编号、件号、材料号、数量、加工余量及焊接收缩量，经检验合格后发往下道工序并按规定的要求放置以防止变形或损坏。

2. 号料

（1）号料所用的仪器、量具应按计量规定定期检验。号料前应确定材料已经验收合格并核对牌号、规格、炉批号及材料表面质量，号料所用钢材应平直并垫放平整，不应有影响号料及切割质量的锈迹油污等，否则需矫正、清理。

（2）号料操作者应经过相关的理论及实践培训，具有必需的号料知识。号料应核对下料图纸与样板，若与工艺文件不符，则应及时反馈给工艺人员或技术主管，待修改正确后才能号料。

（3）号料场地应平整、清洁、光线明亮，物料堆放整齐，安全通道通畅。切割采用专用机械切割机进行，应考虑切割余量，同时切割时零件之间应留2 mm切口量，钢料毛边不应在号料范围内。

（4）尽可能采用套料法号料以提高钢材利用率。凡对称零件一律对称号料。号料划线的线条应清晰、连续，其宽度应符合技术标准。

（5）根据号料图纸、样板及号料精度要求正确号料，同时按统一的号料工艺符号，清晰地写明该零件的产品号、分段号、零件号，并标明上下、左右、内外等标志及余量、加工、切割坡口要求等符号。

（6）主要结构件应做好号料记录，把所有钢板的炉批号正确登记在册，重要特殊零件应按要求做好炉批标记。剩余的钢料必须标明钢材的牌号。

（7）号料结束后，应进行自检。做到"五复一看"：复核钢板厚度、牌号；复核结构尺寸、坡口；复核零件数量；复核加工符号；复核精度管理补偿量；看钢板表面质量。

3. 下料切割

（1）下料前严格按工艺详图核对品种、规格、牌号是否一致，必要时应请相关人员鉴证，应确认所用材料与图纸要求对应相符时才可切割。钢板的剪切线、气割线必须弹直，当钢板有起伏呈波浪状时应特别注意。下料切割方法有气割、剪切、冲模落料、坡口和锯切等，切割前应对钢板或型材进行矫正。对接、焊接钢板或型材必须进行检验和探伤，确认合格后才准许切割，不得使一次剪切的宽度超过剪板机的宽度。剪切的长度超过剪板机宽度的材料要采取相应的措施，可以放加工余量在剪切后进行刨边或者使用自动割刀加工。

(2) 切割表面应清洁、无油污,钢料应垫放平整,割缝下面应留有空隙,检查确认号料零件各类标记的正确性。切割前应对设备、工具进行检查,确认完好、可靠。避免切割过程被中断,切割时应保持匀速。

(3) 切割后应将切割缝隙熔渣、氧化皮清除干净,并保证尺寸偏差、坡口角度、割缝光洁度等满足技术要求。机械切割时,应顶紧靠模,切割面垂直度偏差不应大于零件厚度的 5%,并且不应大于 2 mm。

4. 零部件边缘加工

零部件的边缘加工,应优先选用精密切割。精密切割的表面质量及允许偏差应符合相关要求。边缘加工后,必须将边缘毛刺清除干净,割去飞刺、挂渣及波纹,还应将崩坑等缺陷部位割修均匀。

5. 制孔

制孔采用钻孔、冲孔、气割割孔等几种方法,其中钻孔使用较广泛,另外该工程不重要的节点板、垫板、加强板及角钢拉撑等构件孔可采用冲孔。制孔前应先在构件上划出孔的中心线和直径,为了提高效率,可采用涤纶片基的划线模板划线,以及将数块钢板重叠起来一齐钻孔。钻孔的允许偏差超出设计和规范时,不能采用钢块填塞,可采用与其材质相匹配的焊条熔焊后重新制孔。

6. 矫正

(1) 矫正工作应贯穿钢结构制作的全过程,其中主要采用火焰矫正等方法。因为火焰矫正是利用构件局部受火焰加热后的收缩变形去抵消已经产生的焊接变形,故如果第一次矫正没有达到质量要求范围,可在第一次加热位置再进行火焰矫正,矫正量过大可在反方向再进行火焰矫正,直至符合技术要求,但加热温度应控制在一定范围。

(2) 零件矫正后允许偏差应符合有关的规定。钢板应在切割后矫正,矫正前,切割的挂渣应铲净。矫正后应无明显凹痕及其他损伤,应尽量避免用锤击方法矫正,若必须采用锤击矫正时,必须在工件处于室温时进行且应在其上放置垫板。普通碳素结构钢在低于 −16℃、低合金结构在低于 −12℃ 时,不得进行冷矫正或弯曲。

(3) 热矫加工应根据工件厚度和成型要求选择合理的加热规范,并在工件上划出加热线的位置、长度,以便掌握加热位置和加热面积,热矫温度应不得超过 900℃(用测温笔测定)。

7. 部件组装

(1) 下料后的平板由专业放样人员划出中心线、定位线,在组立机上进行点焊定位固定,使其形成图纸所需形状。在组装前,组装人员必须熟悉施工图、组装工艺及相关文件的要求,并检查组装零部件的外观、材质、规格、数量,当合格无误后方可施工。组装定位采用断焊,其断焊长度为 30~50 mm,焊缝不大于设计焊缝的 2/3,断焊分布均匀,保证有足够的强度和刚度。对大、长、复杂构件必须选择合适的工作平台,放出 1∶1 实样,确认无误后按设定的组装程序工作,使用工具、器具等必须合适可靠,组装的间隙错位、垂直度、角度、平行度应严格控制,并满足规定要求,待检验后才准许正式焊接。

(2) 主钢结构件,在厂内加工完成,标高位置按设计图提供。部件组装时,相邻端头板钢板连接接触面和沿焊缝每边 30~50 mm 范围内的铁锈、毛刺、污物等清理干净。焊接连接的组装允许偏差应符合《钢结构工程施工质量验收规范》(GB 50205—2001)标准中的相关表格的规定。

8. 焊接与再矫正

主要采用门式埋弧焊机对组立的 H 型钢等进行焊接,焊接人员必须持证上岗。焊接时必须根据钢板的规格尺寸按工艺要求选用相应的焊丝、电流、电压和焊接速度。对焊接材料选用要严格按照《钢材焊接焊条、焊丝焊剂选配规定》。该工程构件原则上选用适合各种焊接位置及焊接方式的低氢钾型焊条,使用前应仔细检查,一旦发现有药皮脱落、污损、变质、吸湿、结块和生锈的焊条、焊丝、焊剂等焊材,不得使用。H 型钢焊接后,因焊接时对钢材进行了局部不均匀的加热,故导致焊接应力的产生而发生了焊接变形。故应进行矫正,矫正应在矫正机上进行。

9. 喷丸除锈

构件成品采用全自动喷丸除锈机进行喷丸除锈,构件的摩擦面经处理后再喷丸并加以保护,摩擦面应规定要求制作,并进行抗滑移系数试验,以确保摩擦系数达到要求,经处理的摩擦面不得有飞边,毛刺、焊疤或污损等,喷丸除锈等级应在 St2.0 级以上,并保证下一道涂装工程的可靠性。

10. 涂装工艺

(1)涂装及编号。构件经除锈检验验收合格后,必须在返锈前涂完第一道底漆,一般在除锈完 24 h 内涂完底漆。必须严格根据工程要求在车间对构件进行底层喷涂,做到喷涂均匀、无明显起皱流挂,附着良好,油漆的种类、遍数、涂层的原度应符合设计要求。涂装时应对柱脚底板、高强度螺栓摩擦接合面、现场待焊接的部位相邻两侧各 100 mm 的热影响区及超声波探伤区域等部位应进行保护。涂装完毕后,应在构件上标注构件的原编号,标记时可用标签或油漆直接标注,必要时可标明重量、重心位置和定位标记,且构件编号宜放置于构件两端醒目处。

(2)涂装施工必须按油漆说明书要求或工程师的指导进行。构件表面应避免有油污、杂物和水污等。最好是在恒温、恒湿时封闭或半封闭车间进行,严禁雨天作业。构件表面应清洁、干燥,构件表面最低温度不低于 5℃。

(3)钢结构表面要求无锈、清洁、干燥,使用动力角磨机除去表面可能有的毛刺、边角等尖锐处,并除净焊渣。

(4)进行涂装前的准备时,应仔细阅读产品说明书和施工工艺,了解清楚产品的性能、使用方法、注意事项以及技术质量等。施工前应准备好相应的物料,注意检查包装是否完整、是否在保质期内,并仔细核对产品的标签标识,以免使用固化剂、稀释剂时弄错配比。

(5)开桶时,注意不要将杂质带入基料,先用动力工具将漆料搅拌均匀、静置熟化一段时间(视环境温度情况,一般为 5~20 min。温度越高熟化时间越短)。施工前,根据所用涂装方法,加入适量稀释剂,调整到合适的施工黏度。一般情况下,稀释剂加量为 0%~20%,无气喷涂法及刷、滚涂法施工黏度为 T-4 杯 30~40 s。但不可过度稀释,以免涂料性能下降。

(6)施工现场要远离火源,防止火情发生,保持通风良好,施工人员要穿戴好防护用具(包括护眼镜)。注意不要将漆料溅到皮肤上,若溅入眼中应马上用清水冲洗,并及时送医院救治。

(7)调好气、漆量、扇面、均匀走枪,不应出现流挂、露底等,注意遮盖防止漆雾污染。对于小面积、局部修补、形状复杂的被涂物,可以采用刷涂法施工,此法效率低,但也要注意刷子的性能及质量,另外,应注意刷涂均匀,不要露底、刷痕过重等。

11. 钢檩条和板材制作

该钢结构工程檩条由技术部提供具体的放样图纸,并由厂内选派有多年经验的工人对其进行加工制作,为确保构件的质量,同时应指定专人对加工件进行质控。板材生产时首先应核对所用彩板是否与合约要求相符,生产时必须先试车,检验首件产品合格后方可成批生产,并定时、定量进行检查。产品经检验合格后,贴上合格标识,并进行合理堆放。

12. 钢构件验收

出厂前必须对钢结构构件进行验收,出厂的成品构件应具有出厂合格证及有关技术文件等,并在工厂内进行预拼装,检查是否符合设计尺寸及整体质量情况等,待检验合格后方可出厂。

13. 成品的堆放及装运

钢构件制作完毕后,考虑到不能及时运出或暂时不需安装,故需及时分类标识、分类堆放。堆放需考虑到安装运出的顺序,先安装的构件应堆放在装车前排,避免装车时的翻动。钢结构零配件及小型构件应分类打包捆扎,必要时进行装箱,箱体上应有明显标识。像拉条等细长杆件可用镀锌铁丝捆绑,但每捆重量不宜过大,吊具不应直接钩在捆绑铁丝上。彩板及配件按规定包装出厂,包装必须可靠且避免损伤或刮痕,每件包装贴上标签,注明材质、形状、数量及生产日期。选择合理装卸机械,尽量避免构件在装卸时损伤,特别是应考虑该工程屋面板较长的情况。成品装车时尽量考虑构件的吊装方向,以免运抵工地重新翻转,装运构件时务必使下面的构件不受上面构件重量的影响而发生下垂弯曲现象,故下面的构件应垫以足够数量的方木。成品装车时应成套,以免影响安装进度。因该工程运输采用公路运输,故装运的高度极限为 4.5 m,构件长出车身不得超过 2 m。

14. 螺栓预埋施工要点

当基础垫层砼凝固后,即在垫层面上投测中线点,并根据中线点弹出墨线,绘出地脚螺栓的位置,根据垫层投测的中心点,把地脚螺栓安放在设计位置。为了便于螺栓就位,可采用在工厂预制好的钻孔钢模辅助就位,也可采用与基础模板连接在一起的钻孔木架,当模板与木架支撑牢固后,即在其上投点放线。地螺栓安装完毕以后,检查螺栓第一丝扣标高符合要求,合格后即将螺栓焊牢在钢筋网上。为了防止地脚螺栓在安装前或安装中螺纹受到损伤,宜采用防护套将螺纹进行保护。而为了保证地脚螺栓的位置及标高的正确,应进行看守观测,如发现变动应立即通知施工人员及时处理。

四、钢结构吊装施工准备

1. 施工场地

工程开工前做好三通一平,了解场地情况,办好手续,处理好影响正常开工的所有工作,解决影响工程中各工种工序中的穿插工作和安全隐患。

2. 定位轴线及标高复核

复测由土建提供的轴线、控制网和各控制点是否符合要求,若符合要求,则用经纬仪以主控制线为基准点,按图纸要求确定各控制点,并确定好各个定位轴线。

(1)放线测量的量具应一致,放线完毕做好标记及保护措施。

(2)与土建方配合好轴线定位情况,做好施工前的准备工作及安全措施用具等。

3. 运料计划

根据业主及有关单位要求,结合我公司及施工现场实际情况和安装进度,安装前做好运料计划。以不影响现场安装及场地为原则。

4. 构件运输

在构件运输存放过程中,做好防止构件变形和因某种原因导致碰损的有效保护措施,按照施工顺序及进度计划备料,采用 20 t 平板车按所安排的运料计划,陆续运往施工现场。

构件运输流程为:制订安装进度计划→核查构件及做好标记→制订运料计划→按计划安排车辆的数量及时间→装车运输→按安装顺序现场卸车倒料→检查构件数量及构件是否变形并进行矫正→构件运往现场→按照施工平面布置图确定各个构件堆放点→做好标记。

5. 构件检查及成品验收

构件检查:将现场堆放好标记的构件,进行现场自检,对合格的构件报送构件出厂合格证给监理进行复检,并附上以下附件。

1)原材料的报检

(1)钢材(板)、高强螺栓、焊条、焊丝、焊剂的出厂合格证,钢材的品种规格、性能符合设计要求。

(2)对要求有复验的材料,在生产厂内抽样送到有资质的试验单位进行材料力学试验和焊接工艺检验。

2)构件成品的验收

(1)钢构件的出厂合格证。

(2)构件零部件加工检验批质量验收记录表。

(3)钢结构焊接工程检验批质量验收记录。

(4)钢材的力学性能实验报告和钢材焊接工艺性能检验报告。

(5)构件组装工程检验批质量验收记录。

3)构件的检查

(1)构件材料的几何尺寸必须符合设计要求。

(2)构件本身的截面尺寸。

(3)构件的扭曲情况。

(4)焊缝质量的外观检查情况。

6. 施工满足条件

(1)预埋基础经检查,验收合格,并达到规定的强度要求。轴线及立柱定位板基础中心线经复测,验收合格;标高、柱距、跨距达到规范要求,以及砼达到规定强度。

(2)施工区域内场地符合"三通一平"的要求。

(3)主要吊装机械经负荷试验合格,具备使用条件。

(4)施工用气(如氧气、乙炔等)设施已准备完毕,并办理相关责任文件及动火证即可投入使用。

(5)使用的电动、风动扭力扳手准备齐全,且经过校验合格,对操作人员经过培训考试,钢结构构件半成品的质量检验合格证,技术检验资料齐备。

(6)施工管理组织健全,专业人员操作证件齐全,熟悉本工程特点及施工顺序质量标准,对施工工程质量进行技术交底,并在项目经理的安排下,由安全员对施工人员进行安全教育和安全措施的技术交底。

五、吊机选择及安装顺序

(1)该工程系采用两台 25 t 汽吊进行吊装,次构件及板材采用人工悬拉。钢构件由下而上进行吊装,先吊钢结构构件柱再安装钢结构构件桁架等;钢柱吊装采用单机旋转法吊装,梁由于跨度大,又是多节组成,故先在地面拼装后再吊装,同时人工抬升辅助拼装,钢梁扶正翻身起板采用两点起板法。为了确保吊装安全和避免吊机停转次数过多,该工程钢结构吊装按行进路线的先后顺序吊装施工,且吊装时先吊装竖向构件,后吊装平面构件,以减少建筑物的纵向长度安装累积误差。

(2)吊装钢柱的过程中应当同时进行钢柱的校正和钢梁的拼装工作。钢柱吊装完毕且校正完毕,应进行钢梁的吊装,计划每一榀刚架吊装四个钩子。拼装时对容易变形的构件应进行强度和稳定性验算,必要时采取加固措施。设计要求顶紧的节点,相接触的两个平面必须保证有70%梁紧贴,用0.3 mm塞尺检查,插入深度的面积之和不得大于总面积的30%,边缘最大间隙不得大于0.8 mm,需要利用已安装的结构吊装其他构件和设备时,应征得设计单位同意,并采取措施防止损坏结构,确定几何位置的主要构件,应吊装在设计位置上,在松开吊钩前就应进行初步校正并固定。

(3)吊装钢梁的同时,每两榀之间的系杆同时在钢柱和钢梁校正之后安装,与刚架形成稳定的体系。依次进行吊装直至完毕。

(4)檩条、墙梁、支撑、拉条以及隅撑在钢梁吊装时可以进行交叉作业,在吊装钢梁同时人工合力安装支撑体系。

六、安装工艺流程

(1)各个分项与分项之间先由班组技术交底,后追踪管理实施,先本公司自检,后报监理及业主复检合格方能进入下一道工序的质量控制流程,具体安装工艺流程为:基础放线、复线→标高的复核→现场清理→卸车转料到位→构件核查→零配件核查→构件外观检查复测→测标高后焊接预埋板固定夹板→复查中心定位线→吊装钢构件锥型柱→校正垂直度→临时用钢丝绳固定→自检复测垂直度及中心线→固定夹板拧紧插销→吊装钢构件龙骨架→焊接钢构件龙骨架→自检查每层钢构件质量做好每项记录→吊装焊接完成全部钢构件→自检→初验→主体验收→交接下一道工序。

(2)钢柱的吊装与校正。钢柱的吊装方法与装配式钢筋混凝土柱相似,该工程由于结构吊装时间紧,故拟采用人工抬升辅助就位,构件就位后采用单机旋转法吊装。为了提高吊装效率,在堆放柱时,尽量使柱的绑扎点、柱脚中心与基础中心三点共圆弧。

起吊时吊机将绑扎好的柱子缓缓吊起离地20 cm后暂停,检查吊索的牢固程度和吊车的稳定性,同时打开回转刹车,然后将钢柱下放到离安装面40~100 mm处,对准基准线,指挥吊车下降,把柱子插入锚固螺栓临时固定,钢柱经初步校正后,待垂直度偏差控制在20 mm以内时方可使起重机脱钩,钢柱的垂直度用经纬仪检验,如有偏差立即进行校正,在校正过程中随时观察底部和标高控制块之间是否脱空,以防校正过程中造成水平标高误差。

钢柱的垂直校正。测量用两台经纬仪安置在纵横轴线上,先对准柱底垂直翼缘板或中线,再逐渐仰视到柱顶,若中线偏离视线,表示柱子不垂直,可指挥调节拉绳或支撑,可用敲打等方法使柱子垂直。在实际工作中,常把成排的柱子都竖起来,然后进行校正。这时可把两台经纬仪分别安置在纵横轴线一侧,偏离中线一般不得大于3 m。在吊装屋架或安装竖向构件时,还须对钢柱进行复核校正。

(3)钢梁的吊装与校正。钢梁构件运到现场,应先拼装。钢梁扶正需要翻身起板时采用两点翻身起板法,人工用短钢管及方木临时辅助起板。钢梁翻身就位后需要进行多次试吊并及时重新绑扎吊索,试吊时吊车起吊上升一定要缓慢,做到各吊点位置受力均匀并以钢梁不变形为最佳状态,达到要求后即进行吊升旋转到设计位置,再由人工在地面拉动预先扣在梁上的控制绳,转动到位后,即可用板钳来定柱梁孔位,同时用高强度螺栓固定。并且第一榀钢梁应增加四根临时固定揽风绳,第二榀后的梁则用屋面檩条及连系梁加以临时固定,因该钢构工程跨度为24 m左右,故应设五道以上,在固定的同时,用吊锤检查其垂直度,使其符合要求。

在吊装钢梁时还须对钢柱进行复核,此时一般采用葫芦拉钢丝绳缆索进行检查,待梁安装完后方可松开缆索。对钢梁屋脊线也必须控制,使屋架与柱两端中心线等值偏差,这样各跨钢屋架均在同一中心线上。

(4)柱底板垫块安装及二次灌浆。钢柱安装时,因需调整柱高程,通常于柱底端头板下放置垫块,而垫块的尺寸,一般只考虑承载钢架本身的重量。基础砼面的高程与柱底板高程二者之差即为所需加垫块的厚度,由此可计算出所需垫块的数量。柱底垫块应包括6 mm垫铁和楔形垫铁,楔形垫铁垫在柱底板角。

主钢结构吊装校正完成后,才可进行灌浆。通常在校正完毕后三天内完成,以免因其他原因造成结构体移位,灌浆材料应采用细石混凝土,使柱底板与基础完全接触,灌浆砼标号比柱砼标号高一级。灌浆前的准备工作包括:削除砼表面过高处,使灌浆厚度至少保持4 cm以上;去除砼表面的细微物,以及油脂、泥土等不良物质,从而保持适当粗糙;一端及两侧面之模板亦需高出板面,且留出间隔,并稍倾斜,以使其可以插入木棒或钢筋。灌浆料必须以拌和机拌和,若以手拌和,则将因缺乏流动性而使水易增加,从而造成收缩的危险。一旦开始灌注,必须连续不断进行作业,直到灌浆从周围溢出为止,灌浆必须从一侧开始,未完成前不可中断。灌注后,应保持湿润状态保养至少七天。

(5)高强度螺栓施工方法。该钢结构工程钢梁、柱连接采用扭剪型高强度螺栓,安装高强度螺栓时构件的摩擦面应保持干燥清洁,不得在雨中作业。应从节点板中心向边缘施拧,两个连接件的安装采取先主要后次要的顺序,H型钢结构构件为上翼缘、下翼缘、复板的顺序,同一节柱上梁、柱节点紧拧顺序为先上梁柱节点再下梁柱节点,最后为中间梁柱节点。高强度螺栓的紧固程度用电动扳手进行控制,并观察尾部梅花头拧掉的情况,尾部梅花头被拧掉者视同其终拧扭矩达到合格质量标准,尾部梅花头未被拧掉者可采用转角法检验。其外露丝扣不得小于2扣,连接檩条墙梁用的普通螺栓每个螺栓不得垫2个垫圈。所有安装螺孔,均不得采用气割扩孔,当板叠销孔超出允许偏差造成连接螺栓不能穿通时,可用铰刀进行修整,但修整后的最大直径应小于螺栓直径的1.2倍,铰孔时应防止铁屑落入板叠缝隙。

(6)檩条及支撑系统的安装。檩条及支撑系统应配合钢结构吊装,进行交叉作业,流水施工。根据檩条规格和使用部位,采用人工借力悬拉至屋面或墙立面相应位置安装。支撑应按规定要求及时安装,要求安装位置准确,达到设计要求,确保钢结构整体刚度和稳定性。

吊装完成后应马上再调整构件间的垂直度及水平度,为了确保连续构件间的正确准线,需及时安装柱间支撑及水平支撑并调整这些支撑。调整柱撑应使一边柱撑锁紧另一边放松,当柱已经达到垂直度时,则柱撑应该最后锁紧到"拉平"状态,但不要把斜撑锁太紧而损害构件。从屋檐到屋脊是利用屋脊点作为中心点调整水平支撑,并对齐屋顶梁,这样就能保持屋顶垂直。总之,只有待调整完所有构件垂直度后方可锁紧斜撑。屋面、墙面系杆及拉杆安装时应及时调整檩条的水平度,并纠正檩条因运输或堆放中造成的弯曲变形等。

(7)板材安装方法。屋面、墙面压型钢板及屋脊板的高低跨相交的泛水板均应逆主导风向铺设。压型钢板应自墙面的一端且顺风向开始依序铺设。安装压型钢板时,应边铺设、边调整位置、边固定,铺设屋面压型钢板时,在泛水板、包角板、压型钢板间的搭接部位,均应按设计要求,敷设防水密封材料。山墙檐口包角板与屋脊板的搭接处,应先安装包角板,后安装屋脊板。在压型钢板墙面上开洞时,必须核实其尺寸和位置,可先安装压型钢板后再开洞,也可先在压型钢板上开洞后再安装。

(8)安装屋面板,施工现场一侧山墙端应留屋面板成品堆放场地。山墙侧拉斜钢丝,用人力沿钢丝拉到屋面上,安装时应考虑有利于本地区的主导风向而从厂房一端开始逐跨铺设。

先靠山墙边安装第一块板,当第一块屋面板固定就位时,在屋面檐口拉一根连续的准线,这根二维线与第一块屋面板将成为引导基准,便于后续屋面板的快速安装和校正,然后对每一屋面区域在安装期间要定期检测,检测方法是测量已固定好的屋面板宽度。在屋脊线处和檐口各测量一次,以保证不出现移动和扇形,保证屋面板的平行度和垂直度。在某些阶段,如安装至一半时,还应测量从已固定的压型钢板底部至屋面的两边或完成线的距离,以保证所固定的钢板与完成线平行。若需调整,则可以在以后安装和固定每一块板时很轻微地进行扇形调整,直到压型钢板达到平直度要求。

该钢结构工程彩板屋面折弯件主要有屋脊内外收边、封口板及山脊、山墙檐口收边等,这些彩板折弯件与彩板用铝铆钉连接,彩钢折弯件配件应做到整齐、美观且满足防水效果。全部固定完毕后,用密封膏打完一段再轻擦使其均匀,泛水板等防水点处应涂满密封膏。

(9)墙板安装。外层墙板原则上采用工具式的外靠移动脚手架,而内层墙板则采用钢管脚手架配合移动铝管脚手架或当室内地坪施工条件允许时可采用移动式门型组合脚手架。无论采取何种先后工序,单独安装墙面板必须按由上往下、以墙角作为起点由一端逐渐往另一端的顺序,并要及时考虑常年主导风向及参考施工时的风向。同时应当注意调整檩条的平直度,以保证以后的窗户框能够平直。安装时,应注意水平和垂直方向的操作偏差,保证横平竖直,同时安装上部墙面板时对其底端墙檩采用方木在其下撑垫并复核。安装外墙面板前先安装墙面系统的上口泛水、窗门侧泛水及与砖墙交接处台度收边,墙板安装好后再安装下口泛水包边及阴、阳包角板等。

(10)密封。全部固定完毕后,板材搭接处用擦布清理干净,涂满密封膏,用密封膏枪打完一段后再轻擦使之均匀。每天退场前应清理废钉等金属垃圾,以防氧化生锈。工程全部完工后应全面清理杂物,检查已做好的地方是否按要求做好,若不合要求应马上进行翻修。

七、安全文明施工保证措施

(1)安全生产与质量、效益一样是创优工程不可缺少的重要环节,是关系到职工人身安全和国家财产不受损失的大事。在施工过程中要认真贯彻"安全第一,预防为主"的方针,坚持做到管生产必须管安全。加强职工的安全生产教育,使每位生产者都能熟知安全生产知识,并在施工中切实执行,杜绝一切不安全因素,保证劳动者的安全与健康,确保本工程施工安全。

(2)安全生产目标:无人身重伤及以上伤亡事故;无等级火灾事故。

(3)建立安全生产管理网络,落实安全生产责任制,建立安全保证体系,项目经理部设专职安全检查工程师,各项目队设专职安全员,各工区设兼职安全员,做到分工明确,责任到人。

(4)进行安全生产教育,具体如下。

① 工程开工前,对所有参加本工程的施工人员进行安全生产教育,组织学习《钢结构工程施工安全技术规程》等有关规范和法规,并结合本工程,制订详细的安全生产措施。

② 坚持每周不少于两小时的安全教育,主管工程师针对当时施工项目,结合有关规范、规程,上好安全技术课。

③ 对特殊工种,如起重、电焊、机动车司机、电工等,需培训考试合格后,持证上岗。

④ 安全生产教育须持之以恒,工地现场应有安全生产宣传牌、安全标志、警示牌,做到警钟长鸣。

⑤ 班组长在每天点名分工时,必须对所派工作进行安全技术交底,重要工作由安全质量部部长亲自交底,并做好记录。

(5) 主要安全技术措施和保证制度。

① 建立健全各级各部门的安全生产责任制,并落实到人,各项经济承包要有明确的安全指标和包括奖励办法在内的保证措施,签订安全生产协议书。

② 在编制施工组织设计、制订施工方案和下达施工计划时,必须同时制订和下达施工安全技术措施。无安全措施技术交底,不得施工。

③ 生产工人应掌握本工种的操作技能,熟悉安全技术操作规程,并经考试合格,持证上岗。

④ 进入施工现场必须戴安全帽,登高作业必须系好安全带,穿防滑鞋,工具应放置于工具包内,每天有佩带袖章的安全员值班。现场有"五牌一图",即:施工单位及工地名称牌、安全生产六大纪律宣传牌、防火须知牌、安全无重大事故计数牌、工地主要管理人员名单牌和施工总平面图。在主要施工部位、作业点、危险区、主要通道道口都必须挂有安全宣传标语或安全警示牌。

⑤ 钢管、扣件、螺栓和临时电力线、缆等材料的质量必须符合规范的规定。

⑥ 中小型施工机具,都必须专人使用,专人保养,并挂安全操作牌。

⑦ 操作平台应设安全防护栏杆,施工范围用彩钢板全封闭围护,工作平台走道四周贯通,脚手架上、下梯搭成斜梯,两侧设扶手。

⑧ 从事高空作业的人员应定期进行体格检查,患有心脏病、高血压、癫痫病等病症的人员不得从事高空作业。爬梯、空洞等处须设明显标志。

⑨ 夜间施工应配备足够的照明,临时电力线必须由专职电工架设、管理,开关应有防雨设施且安设牢固,并装有漏电保护器。

⑩ 吊机及各种大型施工机械,使用前应认真检查,确认良好,并经试运转正常后,方可使用。

⑪ 吊装作业由专人统一指挥,吊装人员坚守岗位,吊装时设警戒线,吊车起吊时大臂作业范围内严禁站人,起重机械严禁带病作业,严禁非工作人员进入施工区。

⑫ 安全通道必须畅通。

⑬ 空中吊装时,构件两端应系好风缆,构件上严禁站人。

⑭ 吊装第一榀钢架时应搭设临时固定装置等形成空间稳定结构,此时才能拆除。

⑮ 移动钢梯均应按现有国家标准验收其质量,梯脚底部坚实,不得垫高使用。梯的上端应有固定措施。立梯工作角度以 75°为宜,踏板上下间距以 30 cm 为宜,不得有缺陷。

⑯ 钢柱安装登高时应使用钢挂梯或设置在钢柱上的爬梯。

⑰ 登高安装梁时,在两端设置挂篮,在梁上行走时,其一侧的临时护栏可采用钢索,用花篮螺丝拉紧。

⑱ 构件运输时要绑扎牢固,不得超高、超宽。

⑲ 炎热夏季气温高,高空作业人员易中暑,需加强防暑降温工作,确保人员状态良好。

(6) 消防、治安措施。

① 施工现场设安全标志,危险作业区悬挂"危险"或者"禁止通行""严禁烟火"等标志,夜间设红灯警示。

② 工地布置应符合防火、防雷击等有关安全规则及环卫要求。仓库、O_2 库、C_2H_2 库等设置应遵守国家有关安全规定,并经行业主管部门批准。

③ 施工运输车辆必须严格遵守铁路、公路交通规则,文明行车,注意安全,遵守厂区有关规定。

④ 治安消防工作坚持"预防为主,以消为辅"的指导思想,加强施工现场的物资、器材和机械设备的管理,防止物资被哄抢、盗窃或破坏。

⑤ 开展法制宣传和"四防"教育,项目经理部定期开展以防火防盗为主的安全大检查,堵塞漏洞,防患于未然,健全现场保卫机构,统一领导治安保卫工作。

⑥ 保证施工现场临时排水沟畅通,并积极配合厂方及时疏通工程周围的既有排水系统,做好排水排污工作。

(7) 安全技术检查制度。

建立定期和不定期的现场安全检查制度。

① 定期检查:项目经理部每月进行一次安全检查;项目队每星期进行一次安全检查;作业班组随时注意安全检查。

② 每次检查都必须做好记录,发现事故隐患要及时上报,并派专人负责解决,要将事故苗头消灭在萌芽状态。

(8) 施工现场安全防护。

① 除工作人员外,无关人员一律禁止进入施工作业区,并挂警示牌和警戒线。

② 操作人员佩戴安全带,安全带挂钩处挂 $\phi 8$ 钢丝绳,人员上下时安全带与钢丝绳随其上下移动,防止高空坠落。

③ 工人在上面行走时必须扣安全带,安全带随人走。

④ 工人在上面行走时除扣安全带行走外,不得扛有工具等重物,不能随意从高空抛下。

(9) 安全用电措施。

① 机具设备应按其技术性能要求正确使用,缺少安全装置或安全装置已失效时严禁使用。机具设置按规定接地、接零,坚持一机、一闸、一漏的保护装置。

② 机具设备定期保养,发现漏保、失修或超载带病运行情况,应停止使用。机具设备作业时操作人员不得擅自离开工作岗位,或将机具交给非专业人员操作。机具设备进入作业地点,施工技术人员进行施工任务安全技术交底,操作人员应熟悉作业环境和施工条件,听从指挥,遵守安全规程。

③ 配电箱/开关箱内的电器必须可靠完好,不准使用破损、不合格电器,必须实行一机、一闸、一漏的保护,严禁使用一个开关电器控制两台及两台以上用电设备(含插座)。单台设备开关箱漏电保护器的漏电动作电流为 30 A,额定漏电动作时间不大于 0.1 s。

④ 对司机、司索工、起重工、焊工、电工、机架工、棚工等特种作业人员必须办理进退场手续,检查持证是否有效,并按其技术等级安排工作。特种作业人员必须熟悉相关工作的操作规程及规范。

⑤ 工地所有电线架设及电箱安装必须交由有合格证的电工来完成,所有电源线必架高离开地面。开工前检查电线电缆,发现损坏的不准使用,下班后切断电源。

⑥ 电箱必须安装规范,保持一漏一闸一开关,电缆线必须架空作业,严禁拖地和与钢结构构件相连。秋高气爽,防火至关重要,宿舍及仓库必须设置灭火器材,焊接时一定要用水将地面淋

湿,并要求设置专用灭火装置和灭火器。

（10）焊工操作。

① 气焊工、电焊工须持特种操作证上岗,操作证过期未年审的不准施焊作业。

② 电焊机外壳必须接地良好,应有触电保护器,电源的拆装应由电工来完成,电焊机应设单独的开关,开关应在防雨的开关箱内,焊钳与电焊机电缆必须绝缘良好、连接牢固,更换焊条时要戴手套,雷雨时停止作业。

③ 作业前应检查并清除作业面周围的易燃易爆品,作业结束时应切断焊机电源,检查现场、确认无火种后,方可离开。

④ 气焊作业,乙炔气瓶与氧气瓶之间距离必须有 5 m 以上,严禁平放、暴晒,发现漏气时应禁止继续使用,作业结束后,应将气瓶阀门关好,拧上安全罩,检查现场并确认无火种后方可离开。

（11）奖罚制度

① 工地成立安全小组,成员有 4 人以上,每天上班前对工人进行安全教育,工人每周总结安全工作,提高工人的安全施工觉悟。

② 发现违章作业,立即提出批评指正,对违反者一律罚款处理,每次罚款 50 元以上,对累次违规而又不接受教育者,开除处理。

③ 对安全施工执行较好的工人每月选优秀者予以奖励,每次 50 元以上。

（12）安全文明保持措施。

① 施工现场设 2 名专职安全员。专职安全员负责安全检查、监督、保证安全文明生产制度措施得到执行。

② 明确岗位安全职责,项目负责人对整个项目工程安全文明施工负责。技术负责人对安全技术负责,专职安全员负责安全监督责任,作业组长对施工班组人员的安全负责。

③ 在技术上,对设计图纸进行审查和复核,核对下料单。应对制作单复核,对构件成品复核,对现场吊装材料堆放复核,使吊装前出现的问题能得到及时处理,保证吊装工期顺利进行。

④ 吊装必须有经审核的吊装方案和安全工作保证措施。

（13）具体安全措施。

① 进场人员必须正确佩戴安全帽,吊装单位必须具备相应的施工资质,应出示吊车司机有效证件,并办理、完善手续,吊装前必须明确被吊构件的重量,严禁超载。

② 吊装前必须检查所用钢丝绳是否符合设计要求尺寸,对尺寸过小的钢丝绳需重新更换。

③ 所有临时操作平台,爬梯必须安装牢固,并经安全员检查认可,高空作业人员必须系好安全带,严禁高空抛扔物件。

④ 设备堆放场。组合吊装必须平整牢固,特别是基础四周,应有必要的排水措施。

⑤ 起重或塔吊指挥人员和吊机手必须明确统一联系信号。

⑥ 钢结构吊装就位时,在固定前禁止随意松动缆风绳或进行吊车摘钩,在作业区设有安全警戒线和标志。禁止无关人员进入作业区内。

⑦ 高空作业使用的工、器具,如带工具袋、工具安全绳等,必须有防止高空坠落的措施。

⑧ 施工作业人员上高空作业必须从专门的安全防护脚手架施工梯上下行走。

⑨ 电焊机接电源方式为二级降压保护,每台电焊机配一个电源箱,电焊机接电源应符合规定,所有电缆线均不得沿地敷设,必须架空或埋地,短距离的电缆线需外套胶管加以保护。

⑩ 高空吊装时风速在 $10 \sim 15$ m/s 时应考虑停止工作。

⑪ 吊装人员,如吊车司机、吊装工、司索工、焊工、电工、机架工、架子工等特种工作人员,必须持相关部门颁发的有效上岗证方能进行施工。

⑫ 现场使用电焊,气割等动火作业需办理动火作业申请,经批准后方能施工,并派专人监护,同时携带灭火器材。

(14)成品保护措施。

结构成品、半成品在搬运时应小心轻放,避免油污,严禁剧烈碰撞,并且存放通风良好的简易棚内,露天存放应有必要的排水措施及遮盖措施。

(15)吊装作业要求。

① 从事起重吊装作业的施工队必须具有相应的等级资质证书,施工作业前应由项目经理及技术负责人就本工程和有关安全施工的技术要求向施工作业班组、作业人员进行三级教育交底,并做好签名记录。

② 起重吊装机械应检测符合安全使用要求,由持有市级有关部门定期核发的准用证,检查核定的安全装置,包括超高限位器、臂杆幅度和吊钩保险装置,以及该机械其他安全装置。

③ 起重吊装机械按施工方案选定以后,起吊前应进行测试运转和验收,并办理签字及记录。

④ 起重吊装使用的钢丝绳,其规格及强度应符合施工方案的要求。钢丝绳应在使用前应进行检查,其断丝数在一个节距中超过10%,或锈钢丝绳在表面磨损达10%,以及出现扭曲死弯、结构变形、绳芯挤出等情况时,应报废停止使用。

⑤ 起重吊钩和吊环严禁补焊,如发现表面有裂痕、变形和明显磨损等时应视为报废立即更换。

⑥ 构件起升或下降、回旋时,速度应平稳均匀,不得突然制动。

⑦ 用吊索等直接捆绑吊物时,必须对棱角处设置保护措施,防止其切断钢丝绳;吊装重大构件时应加保险绳,如过底绳等。

⑧ 起重机必须由持有相关类型特种作业上岗证的起重司机操作。

⑨ 起重司机应熟悉本机起吊的各种性能和操作规程,对起重物重量和起吊高度、幅度等清楚,做到不超载作业。

⑩ 起重塔吊指挥人员应经正式培训考核取得上岗证书,其指挥信号应符合国家标准《起重吊运指挥信号》(GB 5082—1985)的规定。

⑪ 作业环境在起重机主视线外,必须设置信号传递人员,或有可靠的对讲通信设备,以确保司机能清晰看到或听到指挥信号。

⑫ 起重机停止作业时,其吊钩、起重臂必须回复至本机械安全的位置上。

⑬ 夜间作业应有足够的照明,如遇恶劣的天气及4级以上大风时应停止高处起重作业。

⑭ 本栏目未详尽之处,还应执行《建筑机械使用安全技术规程》(JGJ 33—2012)的各项规定。

⑮ 从事起重吊装作业人员必须经过体格检查,符合高处作业人员身体素质的要求。

⑯ 在起重吊装作业进行测量、校正、烧焊作业,以及拆除缆绳时均应搭设稳固的脚手架,架子周边应有防护栏。

⑰ 超过2 m高或悬空作业时,应设置符合要求的脚手架或平台,并配置防护栏网、栏杆、密目网等安全设施,脚手架铺设应严密、牢固;当无可靠的防护措施时,应扣好安全带,并绑在稳固的地方,扣环应悬挂在腰部的上方。

⑱ 登高作业衣着要轻便,禁止穿拖鞋、高跟鞋、硬底鞋、易滑的鞋或光脚。

⑲ 操作人员上下应走专用爬梯或斜道,禁止攀爬脚手架、桅杆、塔架、建筑物等。

⑳ 严禁酒后从事吊装作业和高空作业。

八、项目部安全组织管理人员(略)

附录 D

焊接工艺评定报告

表 D.1　焊接工艺评定报告

单位名称：_____
焊接工艺指导书编号：_____　焊接工艺评定报告编号：_____
焊接方法：_____　机械化程度：(手工、半自动、自动)_____
接头简图：(坡口形式、尺寸、衬垫、每种焊接方法和焊接工艺、焊缝金属厚度)

母材： 钢材标准钢号：_____ 钢号：_____ 类、组别号_____与类、组别号_____相焊 厚度：_____ 直径：_____ 其他：_____	焊后热处理： 温度/℃：_____ 保温时间/h：_____ 保护气体： 　　　　　　气体种类　混合比　流量/(L/min) 保护气　　___　___　_____ 尾气保护气　___　___　_____ 背面保护气　___　___　_____
填充金属：_____ 焊材标准：_____ 焊材牌号：_____ 焊材规格：_____ 焊缝金属厚度：_____ 其他：_____	电特性： 电流种类：_____ 极性：_____ 钨极尺寸：_____ 焊接电流/A：_____ 电压/V：_____ 其他：_____
焊接位置： 对接焊缝位置：_____方向：(向上、向下) 角焊缝位置：_____方向：(向上、向下) 预热____ 预热温度/℃_____ 层间温度/℃_____ 其他_____	技术措施： 焊接速度/(cm/min)：_____ 摆动或不摆动：_____ 摆动参数：_____ 多道焊或单道焊(每面)：_____ 单丝焊或多丝焊：_____ 其他：_____

拉伸试验　　　　　　　　　　　　　　　　试验报告编号：＿＿＿＿＿＿＿

试样编号	试样宽度 /mm	试样厚度 /mm	横截面积 /mm²	断裂载荷 /kN	抗拉强度 /MPa	断裂部位和 特征

弯曲试验　　　　　　　　　　　　　　　　试验报告编号：＿＿＿＿＿＿＿

试样编号	试样类型	试样厚度/mm	弯心直径/mm	弯曲角度/°	试验结果

冲击试验　　　　　　　　　　　　　　　　试验报告编号：＿＿＿＿＿＿＿

试样编号	试样尺寸	缺口位置	缺口形式	试验温度/℃	冲击吸收功/J	备注

金相检验(角焊缝):

　　根部:(焊透、未焊透)＿＿＿＿＿＿＿＿＿＿　　焊缝:(熔合、未熔合)＿＿＿＿＿＿＿＿＿＿

　　焊缝、热影响区:(有裂纹、无裂纹)＿＿＿＿＿＿＿＿＿＿

检验截面	Ⅰ	Ⅱ	Ⅲ	Ⅳ	Ⅴ
焊角差/mm					

无损检验

RT:＿＿＿＿＿＿＿＿＿＿＿　　　　UT:＿＿＿＿＿＿＿＿＿＿＿

MT:＿＿＿＿＿＿＿＿＿＿＿　　　　PT:＿＿＿＿＿＿＿＿＿＿＿

其他＿＿＿＿＿＿＿＿＿＿＿＿＿＿＿＿＿＿＿＿＿＿＿＿＿＿＿

耐蚀堆焊金属化学成分(质量分数,%)

C	Si	Mn	P	S	Cr	Ni	Mo	V	Ti	Nb

分析表面或取样开始表面至熔合线的距离/mm:＿＿＿＿＿＿＿＿＿＿＿＿＿＿＿

附加说明:

　　结论:本评定按《承压设备焊接工艺评定》(NB/T 47014—2011)的规定焊接试件、检验试样、测定性能,确认试验记录正确。

　　评定结果:(合格、不合格)＿＿＿＿＿＿＿＿＿＿

焊工姓名		焊工代号		施焊日期	
编制		审核		批准	
第三方检验					

参 考 文 献

[1] 中华人民共和国建设部,中华人民共和国国家质量监督检验检疫总局.钢结构设计规范(GB 50017—2003)[S].北京:中国计划出版社,2003.

[2] 中华人民共和国国家质量监督检验检疫总局,中华人民共和国建设.钢结构工程施工质量验收规范(GB 50205—2001)[S].北京:中国计划出版社,2001.

[3] 中华人民共和国住房和城乡建设部,中华人民共和国国家质量监督检验检疫总局.钢结构焊接规范(GB 50661—2011)[S].北京:中国建筑工业出版社,2012.

[4] 中华人民共和国住房和城乡建设部.钢结构高强度螺栓连接技术规程(JGJ 82—2011)[S].北京:中国建筑工业出版社,2011.

[5] 戚豹.钢结构工程施工[M].北京:中国建筑工业出版社,2010.

[6] 杜绍堂.钢结构工程施工[M].3版.北京:高等教育出版社,2014.

[7] 赵春荣.钢结构工程施工[M].北京:北京出版社,2013.

[8] 江茜.钢结构工程施工禁忌手册[M].北京:机械工业出版社,2006.

[9] 尹显奇.钢结构制作安装工艺手册[M].北京:中国计划出版社,2006.

[10] 中国钢结构协会.建筑钢结构施工手册[M].北京:中国计划出版社,2002.

[11] 乐嘉龙,王喆.钢结构建筑施工图识图技法(修订版)[M].合肥:安徽科学技术出版社,2015.

[12] 陈远春.建筑钢结构工程设计施工实例与图集[M].北京:金版电子出版社,2003.

[13] 王全凤.快速识读钢结构施工图[M].福州:福建科学技术出版社,2004.

[14] 中华人民共和国国家质量监督检验检疫总局,中国国家标准化管理委员会.焊缝符号表示法(GB/T 324—2008)[S].北京:中国计划出版社,2008.

[15] 中华人民共和国住房和城乡建设部.高层民用建筑钢结构技术规程(JGJ 99—2015)[S].北京:中国建筑工业出版社,2015.

[16] 中华人民共和国国家质量监督检验检疫总局,中国国家标准化管理委员会.金属熔化焊接头缺欠分类及说明(GB/T 6417.1—2005)[S].北京:中国计划出版社,2005.

[17] 曹平周,朱召泉.钢结构[M].4版.北京:中国电力出版社,2015.